DIRECTION
DES AÉROSTATS

SYSTÈME NOUVEAU

Fondé sur des expériences, application de faits et principes reconnus par la science et les aéronautes.

Par **H. GUILBAULT**, de Saintes.

Ad majorem gloriam potentiamque galliæ.

In illà stat victoria: deposuit potentes inimicos suos de sede ; et nunc alteros terrâ, cœlo, marique ponebit sub scabellum pedum suorum.

La force ascensionnelle existant dans le ballon par suite de la loi centrifuge du gaz dont il est rempli, il a et porte ainsi en lui-même un agent de locomotion dont la puissance et l'effet peuvent varier selon la forme de l'aérostat; en employant la résistance des surfaces opposées à la densité de l'air; et, aussi, selon les poids qui modifient cette force ascensionnelle par suite de la loi centripète de ces derniers.

La force centrifuge, modifiée par les surfaces, constitue non seulement une véritable puissance locomotrice, mais un moyen de faire mouvoir l'aérostat dans un sens voulu, de le diriger en un mot.

A Paris, chez **Mallet-Bachelier**, libraire-éditeur, Quai des Grands Augustins, 55.

A Saintes, chez **Oscar Guiard**, libraire, Grande-Rue, 54.

Saintes.— Imprimerie **J. LASSUS**, successeur de M. Poupard, Place du Synode, 1.

1861.

DIRECTION

DES AÉROSTATS

SYSTÈME NOUVEAU

Fondé sur des expériences, application de faits et principes reconnus par la science

et les aéronautes.

Par **H. GUILBAULT**, de Saintes.

Ad majorem gloriam potentiamque gallicæ.

In illâ stat victoria : deposuit potentes inimicos suos de sede; et nunc alteros terrâ, cœlo , marique ponebit sub scabellum pedum suorum.

1861

TABLE DES MATIÈRES.

AU LECTEUR.

Tu reconnaîtras sans doute avec moi que les idées, les théories nouvelles, ont toujours beaucoup de peine à se faire jour dans le monde; à s'y faire admettre en voulant y prendre place. Celui qui les propage, doit s'attendre à combattre longtemps avant de triompher, si toutefois un tel honneur peut lui être réservé. Dans la lutte qu'il entreprend, au lieu d'une critique éclairée, que souvent l'importance du sujet semblerait commander dans un intérêt général, il ne trouve parmi ceux qui devraient lui venir en aide par leurs lumières qu'il a plusieurs fois sollicitées, qu'un silence, difficile à bien interpréter; mais qui dans tous les cas, serait accablant par le découragement qu'il peut inspirer, si cet auteur des idées, de la théorie, de de l'invention, n'était soutenu par cette profonde conviction, elle peut-être erronée, qui l'anime toujours, par ce qu'il a conscience d'une vérité, grande, palpable, plus ou moins importante, qui soutient en lui cet ardent amour du bien et du pays, que jamais rien ne parvient à étouffer chez ceux qui l'éprouvent. Tu le sais, c'est un sentiment qui fait braver ces milles contrariétés, qui sont le partage ordinaire d'un homme obscur voulant se présenter sur la scène du monde : Il y rencontre la jalousie des uns, les préventions des autres, quelquefois l'insouciance du public lui-même; bien rarement l'encouragement officiel d'un conseil, alors même qu'il s'agit peut-être de la suprématie du peuple qui serait appelé le premier à profiter de la découverte.

Je voudrais ne pas dire que ce mémoire a été transmis à l'Institut dans les premiers jours de Janvier 1860, par l'intermédiaire d'un très-haut fonctionnaire, qui dans cette circonstance a témoigné un grand intérêt à mon idée, et a bien voulu toujours m'honorer d'une excessive bienveillance, dont je ne puis trop lui témoigner ici toute ma reconnaissance : c'est à sa demande qu'une commission de trois membres a été désignée pour en faire l'examen et rapport. Je pensais que quelques mois pouvaient suffire : malgré plusieurs lettres adressées à la commission, je n'ai encore rien pu savoir.

La critique des hommes de la sience me faisant défaut, j'ai dû prendre le parti de m'adresser au public. Cependant c'est avec regret que je le fais, parce que dans le cas où l'idée serait bonne, la publicité doit en faire connaître toute l'importance dont quelques autres pourront profiter, alors que mon but était d'en réserver tous les avantages à mon pays, comme je l'ai toujours dit.

2.

Si je me suis décidé à cette publicité, j'ai été guidé par des motifs graves : d'abord parce que j'ai trouvé une complète approbation chez des personnes compétentes, auxquelles j'ai communiqué le manuscrit : ce sont d'anciens élèves de l'école Polytechnique; des officiers supérieurs d'artillerie; des hommes très-instruits, qui tous ont partagé mes convictions. Puis, chose qui paraîtra étrange et en désaccord avec ce premier résultat, j'ai craint néanmoins que le silence de la commission de l'Institut, ne fût à lui seul et par lui-même une critique plus ou moins fondée ; j'ai voulu alors m'éclairer en faisant un appel au public, afin que son opinion se manifestant par la voix de la presse ou des communications officieuses particulières, que je serai toujours très-heureux de recevoir, je puisse apporter les modifications que les conseils pourront me suggérer.

A l'œuvre donc à ton tour, cher lecteur: sois persuadé que le plus grand plaisir que tu puisse me faire sera de me critiquer *sérieusement :* à quoi pourraient me servir la complaisance et la flatterie, ou des observations légèrement émises. Sois convaincu que le découragement ni le dégoût ne viendront affaiblir mon cœur et mon esprit; car, à l'énergie de mon caractère, viendra se joindre un but commun pour nous tous, la prospérité, la grandeur, la gloire de notre patrie. Quant bien même je devrais être traité , comme on a fait en 1804 un tout autre homme que moi, c'est encore à toi et au public mieux informé, plus éclairé que je m'adresserai plus tard pour répondre aux critiques, et faire triompher une idée que d'autres que moi ont trouvé bonne; qui peut être féconde en grands résultats pour la science et la solution d'un problème cherché depuis la découverte des aérostats; c'est-à-dire en 1783.

Saintes, le 14 juillet 1861.

PRÉAMBULE.

Lorsque l'on apprit à Franklin, la merveilleuse découverte des frères Montgolfier, dont la première expérience fut faite le 5 juin 1783 dans la ville d'Annonay, il se mit à dire : *C'est un enfant qui vient de naître.*

Depuis cette époque, il s'est écoulé plus des trois quarts d'un siècle : et, cet enfant est encore dans les langes de son berceau.

Cependant, chaque jour, à chaque expérience, il tend à les briser en cherchant l'art de se diriger. Jusqu'ici les efforts ont été infructueux. Quel sera, parmi les hommes, celui qui, brisant les entraves qui l'étreignent, aura le très-insigne honneur de lui dire : tu es libre : marche maintenant ; explore la terre et les cieux ; voilà désormais le domaine de l'homme : pour achever cette grande conquête, voici comment tu dois faire.

Je tente cette chose, parce qu'il appartient à tous les cœurs généreux, à toutes les intelligences, de se consacrer au bien, à l'honneur, à la gloire, à la prospérité de son pays : quand bien même je ne réussirais pas complètement, j'ose cependant croire, espérer le contraire, la voie que j'ouvre sera peut-être celle qui conduira vers le but cherché depuis si longtemps. Ce sera déjà beaucoup pour moi, d'avoir contribué à imprimer aux recherches à venir une autre direction, et d'être sorti de la route que l'on a vainement et inutilement battue jusqu'à ce jour.

Lorsqu'un homme a le premier monté dans un tronc d'arbre grossièrement creusé pour explorer l'immensité de l'Océan, ceux qui des bords du rivage l'ont vu faire, l'ont accusé de témérité. Ils lui ont crié : tu n'iras pas plus loin, et jamais au delà de l'horizon qu'embrasse tes regards, sans quoi tu périras victime de ta folie.

Ce premier navigateur a méprisé les clameurs, il leur a répondu : j'en appelle à l'avenir, et à mon intelligence pour faire mieux encore.

Si, à cette époque, les siècles qui se sont écoulés depuis, eussent été présents et mêlés aux spectateurs de cette première entreprise, et, qu'ils eussent dit à cet homme jugé si téméraire : tu as raison, ne les écoute pas ; un jour viendra où tes descendants, marchant de progrès en progrès, trouveront le moyen de franchir cet océan et de braver les plus furieuses tempêtes : puis, s'adressant aux spectateurs eux mêmes ils eussent dit : celui que vous accusez de témérité, d'impuissance, qui a besoin aujourd'hui d'une voile et des vents pour parcourir l'espace, trouvera un jour le moyen de se passer de voiles et de vent, il transformera l'eau en vapeur : et, de cette vapeur il fera surgir une force incommensurable : avec elle et par elle, il traversera les mers les plus immenses, les plus dangereuses ; il marchera plus vite que le vent ; il viendra un moment où le calme le plus complet sera pour lui la condition la plus favorable pour aller sûrement jusqu'aux rivages les plus éloignés. Assurément, ces mêmes spectateurs eussent dit aux siècles : impossibilité, folie, témérité, présomption ; comme on dit aujourd'hui à ceux qui cherchent la direction des aérostats.

Cependant, ce que les siècles ont dit à ces spectateurs, témoins du premier essai de navigation, s'est réalisé ; et, les navigateurs de notre temps vont droit au but qu'ils veulent atteindre, méprisant les vents contraires. Après des milliers d'années, d'épreuves en épreuves ; de perfectionnement en perfectionnement, l'art de la navigation, informe à son origine, si l'on peut s'exprimer ainsi, n'a pas cessé de faire des progrès et d'arriver à ce que le siècle appelle la perfection.

Le premier navigateur se trouvait heureux et fier d'avoir tenté son exploration dans un tronc d'arbre, comme les frères Montgolfier se sont trouvés heureux et fiers d'avoir fait leur première ascension ; et d'avoir ainsi ouvert la voie qui servira à explorer l'Océan des cieux, comme autrefois on a commencé à explorer l'empire des mers.

Si l'on venait dire aujourd'hui à la navigation perfectionnée : il n'est plus possible de rien innover : changer, améliorer dans ce qui existe ; ne serait-il plus permis aussi aux siècles futurs d'intervenir, et de dire aux générations présentes armées les uns et les autres de la science qui marche sans cesse :

Je vous ai ouvert le champ immense des plus admirables découvertes : avec le secours de l'intelligence humaine qui n'a pas de limites connues, pas plus que la puissance de celui qui vous la donnée en partage, vous marcherez de progrès en progrès ; et, ce qui vous paraît un terme que nul ne peut dépasser, sera taxé un jour d'enfance de l'art relativement à ce que feront vos neveux.

Pourquoi voudrait-on que le progrès fut impossible en toutes choses ? qu'il ne soit pas comme la conséquence naturelle et nécessaire de la perfection de l'intelligence humaine elle-même, plus développée, plus éclairée, plus enrichie de mille connaissances, qui ne sont pas soupçonnées aujourd'hui. Quand à moi, ce qui me paraîtrait le plus extraordinaire, ce serait au contraire que l'on se mit à dire d'une science ou d'un art quelconque : tu n'iras pas au-delà de ce qui est actuellement. L'impossible me paraît consister précisément en cela, de vouloir prétendre qu'il y a des bornes à l'intelligence de l'homme ; à la science, par conséquent à la perfection qui n'est que le résultat naturel de l'une et de l'autre.

De ce que la solution de la direction des aérostats est restée stationnaire depuis la découverte des frères Montgolfier ; car, on en est encore au même point qu'en 1783, il ne peut s'en suivre qu'il ne soit pas possible de progresser en cette partie, de parvenir à découvrir ce mode de locomotion.

Pourquoi en serait-il ainsi, puisque tout a marché autour de cette question ?

De ce que beaucoup de pages ont été écrites sur ce sujet ; de ce que les savants semblent aujourd'hui disposés à n'écouter ou lire qu'à titre de politesse bienveillante, tout ce que l'on produit encore, faut-il pour cela que l'amour du progrès soit vaincu ? qu'il s'arrête devant des difficultés ; devant l'insuccès de tous ceux qui ont entrepris des recherches ; devant la lassitude occasionnée par d'infructueuses explorations.

Non, mille fois, non !

C'est au contraire un motif pour écouter plus attentivement la dernière voix qui veut se faire entendre ; car, qui peut dire, sans l'avoir entendue, que ce n'est pas celle qui doit ouvrir la route à suivre ; celle qui doit la tracer d'une main plus ou moins sûre.

Marchons donc toujours en avant, car il ne faut pas, il ne faut jamais s'arrêter quand il s'agit du beau, du bon, du bien, de l'utilité, du grand, de la gloire, de la puissance de la patrie.

Pourquoi s'arrêter quand on touche à la limite qu'il me paraît si facile de franchir ?

En effet :

On connaît la composition de l'atmosphère ; la densité des couches d'air qui la composent à différentes hauteurs, sous tous les climats;

On connaît la pesanteur de l'air et des gazs;

On sait qu'à une élévation déterminée, l'agitation qui existe dans l'air à la surface de la terre, n'est plus la même ; qu'il existe au contraire une certaine régularité;

On connaît les lois de la résistance de l'air sur les surfaces ;

On sait que cette résistance s'augmente ou diminue selon certaines circonstances de rapidité ;

On connaît le moyen de s'élever promptement dans l'air : on peut s'abaisser à volonté par des moyens mécaniques ;

On a des moyens de propulsion sur mer ;

On en a même, imparfaits il est vrai, dans l'air :

Pourquoi donc alors encore s'arrêter, connaissant toutes ces choses? Pourquoi renoncerait-on à chercher la direction des aérostats? pourquoi désespérer de la trouver, puisqu'on a progressivement appris l'art de se diriger sur mer avec un vaisseau qui lui-même s'est perfectionné et se perfectionne tous les jours ; car maintenant le problème à résoudre réside en cela seulement, puisque les éléments, les bases principales, les données de cette grande question sont posées.

C'est au contraire, le moment de marcher plus résolument vers le but.

Je le suppose atteint, les résultats de toute nature en sont immenses pour la science d'abord ; et, sont faits pour illustrer celui qui aura contribué à la découverte.

Voyez aussi sous le rapport politique :

La flotte Russe prise dans les glaces de la Néva, ou du port de Cronstadt, appartiendra au premier qui voudra la détruire en la brûlant, sans que le gouvernement soit même appelé à y contribuer ou puisse empêcher un Français de commettre cette action. Le granit des forts qui la protègent aujourd'hui n'est plus rien ; renfermée dans des glaces qui ne céderont pas même au contact d'un violent incendie, elle sera dévorée sur place au milieu des flots devenus impuissants à la sauver, en la retenans prisonnière.

Tous les arsenaux de l'Angleterre, ses flottes les plus formidables, sont aussi à la merci d'un seul aérostat que personne ne pourait atteindre. Gibraltar, Malte, Corfou, et toutes ses forteresses les plus inabordables, ont suspendu sur leur tête le fer et le feu destructeur.

Au point d'avenir politique, la question est celle-ci : suprématie de la France par l'anéantissement facile de ce qui constitue la force des puissances rivales : cela mérite bien que l'on persiste dans la recherche d'un tel problème, quand les destinées d'un pays sont, en quelque sorte en partie attachées à sa solution heureuse.

———————

C'est l'ardent amour de mon pays qui m'a fait hasarder de soumettre les quelques pages qui suivent à ceux qui plus que moi, sont en état d'apprécier la certitude des bases scientifiques sur lesquelles repose mon système pour la direction des aérostats.

Tous les principes que je vais rappeler, sont acceptés depuis longtemps par la science. Ils m'ont servi de point d'appui, de base pour démontrer la solidité de mes données. Je ne marche donc point au hasard, comme le premier navigateur, sur une mer inexplorée : je ne créc rien : je me sers de ce qui existe et de ce que l'on regarde comme vérité inébranlable ; je ne fais pas d'hypothèses pour établir un principe : je me sers de principes reconnus par la science pour en faire l'application : Ce ne sont, en réalité, que des applications de théories scientifiques éprouvées par l'expérience ; des faits constatés par les aéronautes eux-mêmes.

Alors, si ces choses, si ces principes scientifiques, si ces faits sont connus, ne peut-il être permis de témoigner un profond étonnement, qu'il ne se soit trouvé quelqu'un qui, en présence de documents aussi simples que ceux produits par moi : n'ait pas depuis longtemps, pris la route que je vais suivre en la parcourant aussi rapidement que possible.

Les expériences aérostatiques ont toutes laissé épars beaucoup de faits, qui me paraissent de la plus haute importance, et cependant on les a négligés. Comme il n'y a rien de plus ferme qu'un fait, alors surtout que l'expérience en a confirmé l'utilité par la réussite ; comme des rapports scientifiques les ont consacrés comme des vérités acquises : ces faits sont devenus pour moi comme autant d'axiomes, qui ont à mes yeux toute la certitude qui s'attache à une vérité scientifiquement reconnue.

On doit dire d'eux seulement, qu'ils n'ont pas été suffisament appréciés, examinés, coordonnés : que l'on n'en a pas aperçu toute la portée dans leur ensemble, pour marcher avec eux vers les solutions qui cependant semblent devoir se présenter tout dabord aux esprits, lorsqu'après les avoir réunis on en a fait un tout homogène.

Je ne ferai donc que les énoncer sans les discuter, puisque la science l'a déjà fait : mais aussi, après les avoir groupés, j'en proposerai l'application, bien persuadé, vivement convaincu que de cet exposé il doit sortir quelque chose d'utile pour la solution cherchée.

PRINCIPE DES MONTGOLFIÈRES.

Il est très inutile de rapporter l'histoire de la découverte des frères Montgolfier, cela n'ajouterait rien aux principes fondamentaux nécessaires à connaître en tout ce qui concerne la direction des aérostats.

Tout le monde sait que cette découverte tient à l'observation de ce fait, que l'air réchauffé contenu dans un récipient quelconque, se trouvant plus léger que l'air qui l'environne, il y a par conséquent tendance naturelle, inévitable, à ce que le récipient ainsi rempli d'air chaud, s'élève dans l'air.

L'air réchauffé constitue donc une force, une puissance centrifuge.

La théorie, ou plutôt les bases et ses résultats sont ceux-ci : une chaleur de 100°, raréfie l'air concentré dans un vaisseau fermé, et lui fait occuper dans ce nouvel état, un espace double de celui qu'il occupait précédemment : ou, en d'autres termes, en diminue la pesanteur de moitié.

La chose qui, à volume double, mais à poids égal, est comprimée par un autre objet quelconque plus resserré et plus pesant, force naturellement le premier à s'élever dans l'air, tant que le volume, ou la cause déterminante du volume subsiste.

Cette simple observation sert très-facilement à se rendre compte de la cause qui fait, qu'un ballon, *à air réchauffé*, s'élève avec une rapidité proportionnée au développement du calorique de l'air qu'il renferme : et, pourquoi, lorsqu'il y a refroidissement, condensation de l'air intérieur, ce même ballon tend à s'abaisser dans la même progression.

La loi est la même : seulement elle est inverse au commencement ou à la fin de l'expérience.

Au lieu d'un air dilaté par la chaleur, on a plus tard employé le gaz hydrogène pur.

Le principe alors cesse d'être le même, parce que le gaz hydrogène ayant *par lui-même* une pesanteur spécifique plus légère que l'air, tend naturellement à fuir du centre pour s'élever, ou faire élever l'objet, le récipient qui le renferme.

Mais, quant aux Montgolfières, j'ajouterai, même en ce qui concerne les ballons gonflés par le gaz hydrogène, que la question de leur emploi utile, malgré le grand nombre d'ascensions qui ont été faites, est encore littéralement au même point, à très-peu de choses près, qu'au moment de la découverte et de la première expérience : on en est encore à chercher la direction, car c'est en cela que consiste l'utilité. Ce grand sujet ne s'est pas avancé d'un seul pas, jusqu'à ce jour ; cependant tout le monde dit la chose ne peut-être impossible.

Cela vient, selon moi, de ce que l'on n'a pas suffisament examiné, approfondi, les faits acquis qui tendent à ce but.

Que l'on me permette une expression : On a voulu trancher la difficulté, sans rechercher les moyens nécessaires pour franchir les obstacles ; sans étudier, sans reconnaître tout ce qui pouvait constituer les *abords de la question*, et l'on s'est ainsi lancé dans des hypothèses théoriques qui n'avaient aucun fondement solide ; quand il aurait fallu approfondir tous les principes scientifiques, qui sont comme la base de cette question si grave et si intéressante ; sans apprécier tous les faits acquis tendant à fonder une théorie solide sur ce sujet.

Cependant, il me semble que les principes scientifiques, et les faits parlent assez haut, pour que l'on en tienne compte : quand à moi, j'ai cru devoir le faire : aussi je vais passer en revue toutes les bases scientifiques et les faits applicables à ce sujet si intéressant par lui-même sous toute espèce de rapports.

PREMIÈRE PARTIE.

DE L'AIR ET DE L'ATMOSPHÈRE,

Hauteur.-- Température.

L'homme paraît insensible aux impressions du fluide atmosphérique, malgré les nombreuses modifications qu'il apporte dans son existence. Né, et vivant dans l'air dès son premier jour , il ne fait pas attention à son action , à son influence ; bien moins encore à ce que j'appelerai sa nature, sa composition organique.

Bien peu de personnes connaissent la pression considérable que l'atmosphère exerce sur les corps ; comme aussi la hauteur à laquelle on présume que l'air existe.

Des études savantes ont été faites par des hommes qui se sont ainsi illustrés, avec d'autres travaux : mais , parmi les plus notables, Fourcroy a traité cette matière avec une supériorité très-connue et très-incontestable.

Selon les calculs donnés, la pression de l'atmosphère sur le corps d'un homme , est de trente trois mille livres (33,000 livres). Il est admis que la variation d'une seule ligne dans la hauteur du baromètre , augmente ou diminue cette pression de cent quarante livre (140 livres).

On ne sait pas à quelle hauteur s'élève l'atmosphère, ou plutôt à quelle hauteur il n'y a plus ce que nous appelons air. Monsieur Biot la porté à quarante sept mille mètres; (47,000ᵐ.) Messieurs. de Humboldt et Boussingault, n'assignent même que quarante trois mille mètres à la limite supérieure.

Comme il n'y a aucun moyen connu jusqu'à ce jour, pour que l'homme puisse résister à la raréfaction de l'air à cette hauteur; qu'à une élévation infiniment moindre, l'être animé cesse d'exister ; que les hommes sont pris eux-mêmes par tous les symptômes d'une désorganisation rapide ; il devient vraisemblable que pendant bien longtemps encore on ne pourra pratiquer aucune expérience qui permette de pouvoir assigner la limite précise de la hauteur de l'atmosphère ; limite qui doit être excessivement difficile à fixer, car il peut paraître vraisemblable, malgré les expériences faites, qu'à cette hauteur de 47,000 ou 43,000 ^{m}. mètres, sa composition organique et sa densité doivent subir de très-notables modifications.

Au reste ceci est fort peu important en soi, puisque la navigation aérienne, si jamais elle s'établit, n'a pas besoin de s'exercer au-dessus de cinq à six mille mètres d'élévation.

Comme je viens de le dire, à une certaine hauteur la vie n'est plus possible. Des expériences aérostatiques, ont établi en effet que les petits animaux cessent de vivre : que le sang s'échappe des organes d'êtres plus forts ; que l'homme éprouve une oppression notable ; que la voix s'affaiblit et se fait à peine entendre, même en parlant très-haut ; enfin, que les conditions vitales de l'existence humaine ne sont plus les mêmes : il faut donc conclure, que si on s'élevait plus haut qu'on ne l'a fait jusqu'à ce jour, la vie cesserait. Mais, comme il n'est pas plus utile d'explorer ces régions pour pratiquer la navigation aérienne ; qu'il n'est utile pour faire le tour du globe, de suivre un des degrés de longitude, une méridienne, en passant par les deux pôles, on doit mettre de côté cet inconvénient, parce qu'il n'est même pas utile de tenter de le surmonter pour arriver à son but.

On sait que les différentes couches d'air de l'atmosphère sont d'autant plus denses et d'autant plus comprimées qu'elles sont plus voisines du globe ; et, que leur variété à une plus grande élévation, est limitée par la température plus froide des régions supérieures.

On admet aussi en physique maintenant, que le refroidissement de la température de l'air, à mesure que l'on pénètre dans les couches supérieures, est égale à 1° centigrade, par chaque deux cents mètres d'élévation.

Mais cette règle n'est ni certaine, ni absolue ; car, il est admis par des travaux récents, que la quantité dont il faudrait s'élever dans l'air pour obtenir un décroissement de 1°, diminuerait proportionnellement à la densité de l'air à la station correspondante.

Un point non moins grave est celui-ci : il résulte d'observations faites, qu'à une certaine hauteur, dans tous les climats, en toutes saisons, la température de l'air est sensiblement la même. Ceci est d'une très-haute importance en ce qui concerne la dilatation du gaz renfermé dans le ballon, et l'influence que cette loi peut avoir pour se maintenir longtemps à une plus ou moins grande élévation.

Car si le thermomètre est à terre à 10°, centigrades *au dessus* de 0, au moment du départ ; et qu'après une rapide ascension, il soit à 10°, *au dessous*, il en résulte que le gaz contenu dans le ballon n'ayant pas le temps de se mettre en *équilibre de température* avec son *équilibre élastique* ; et, ce dernier étant beaucoup plus prompt à s'établir que celui de la chaleur, il se dilate et fait qu'il en sort du ballon une plus grande quantité que celle que la dilatation extérieure de l'air pourrait déterminer par une moindre pression.

Or, comme il est très-important, pour la durée des expériences des voyages, de ne pas perdre par l'effet de la dilatation causée par l'élévation rapide dans l'atmosphère, une quantité plus ou moins considérable de gaz, nous avons cru devoir employer un moyen très-simple et très-naturel pour recevoir le gaz superfluent, et le rendre ensuite au ballon, sans que l'on ait besoin pour cela de se livrer à aucune manœuvre. C'est l'adjonction d'une nacelle construite de manière à le recevoir, dont nous parlerons plus spécialement lorsque nous donnerons la description du ballon destiné à la navigation aérienne.

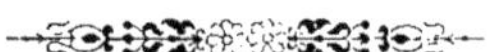

ÉTAT DE L'ATMOSPHÈRE SELON LES ÉLÉVATIONS.

Nous venons de dire qu'il est admis par les aéronautes qu'à une certaine élévation, la température de l'atmosphère ne varie presque pas : je dois ajouter maintenant, que l'on n'a pas à y redouter aussi la force et surtout l'irrégularité des vents.

Il est reconnu et bien constaté, qu'à des hauteurs qui ne sont pas mathématiquement précisées, mais qui le sont très-suffisamment néanmoins, il existe un grand courant de vents alizés qui sont en permanence, allant d'Occident en Orient ; et, qu'à cette hauteur, on jouit d'une sorte de calme et d'équilibre constaté par un très-grand nombre d'expériences et de rapports émanant des personnes qui ont fait des ascensions.

Ce fait est encore d'une très-haute importance, puisque déjà et par lui, il est permis d'assigner par avance, le lieu, ou plutôt la partie, la zone de l'atmosphère dans laquelle la navigation aérienne peut, et devra parconséquent s'établir : c'est donc un premier point acquis définitivement.

Si l'on vient à se demander, ou à rechercher la cause de la perturbation de l'air dans les régions inférieures de l'atmosphère, il peut-être permis de l'attribuer aux causes que je vais exposer d'une manière générale.

1°. La surface de la terre étant couverte d'inégalités souvent très-considérables, comme les montagnes qui sont plus ou moins élevées, ces inégalités doivent nécessairement avoir une grande influence sur les parties basses de l'atmosphère qui les enveloppent ; et, le mouvement de la terre admis, tendre à détruire la tranquillité de l'air. La rotation du globe sur son axe, et sa translation d'Occident en Orient dans l'espace, doivent être considérés, en partie, comme la cause première agissant sur la perturbation; c'est à ce mouvement continu, et à ces inégalités du sol réunis en un seul tout, que l'on doit attribuer ces remous de vents locaux, que des circonstances de temps, de lieux, de saison, modifient aussi selon les grandes lois de la nature.

Ce qui prouve la justesse et la vérité de cette observation; c'est qu'à une élévation de cinq à six mille mètres, cette perturbation n'existe plus, comme je viens de le dire. Cela concorde avec un autre fait; c'est que les grandes masses comme les montagnes, se distinguent seules, mais d'une manière confuse : il serait donc permis d'en induire,

par une sorte d'analogie, que si l'on perd complétement de vue les petites inégalités du sol, celles-ci peuvent bien aussi, j'allais dire, doivent aussi ne plus exercer de perturbations atmosphériques dans les couches supérieures. Les grandes masses importantes, comme les montagnes, se trouvant alors faire des exceptions, on conçoit ainsi que la perturbation des couches inférieures diminue aussi proportionnellement à mesure que la cause elle-même n'existe plus.

2° En ce qui regarde le grand courant alizé d'Occident en Orient, on doit croire que le mouvement de la terre se faisant dans le même sens, entraîne avec lui la masse générale de l'atmosphère, et crée ainsi au-dessus des couches inférieures, qui seules sont agitées, perturbées, ce mouvement régulier qui a été si souvent observé, et qui est un fait naturel permanent.

Ainsi tous ceux qui voudront tenter la navigation aérienne, doivent donc compter sur plusieurs faits principaux :

1° En s'élevant dans l'atmosphère, les couches de l'air sont de moins en moins pesantes; alors le gaz hydrogène dont le ballon est rempli, tend à se dilater dans la même proportion que décroit la pesanteur de l'air ; jusqu'à ce que la température plus froide fasse cesser cette dilatation et rétablisse l'équilibre élastique;

2ⁿ Plus de régularité dans la direction des vents, ou plutôt une régularité permanente, sauf cependant les cas de calme.

3°. Une plus grande tranquillité atmosphérique,

PRINCIPES

Résultant du poids de l'air, de l'eau, des gaz, et de leur densité.

Avant de déduire les conséquences, il est nécessairement logique d'établir les faits eux-mêmes, car sans cela on pourrait ne pas suivre avec facilité les déductions que nous allons proposer, par suite de la comparaison de la pesanteur des différentes substances que nous venons de nommer.

La pesanteur moyenne de l'air, comparée à celle de l'eau, est comme 1, est à 800 : quelques physiciens disent comme 1, est à 770.

La pesanteur du gaz hydrogène pur, est à celle

de l'air, comme 69 est à 1000 : c'est-à-dire, qu'un mètre cube d'air pèse un peu plus de quinze fois le même volume de gaz.

La résistance que présente une colonne d'air opposée à une surface est de 1. kilo par chaque mètre de superficie. Elle augmente ou diminue en raison de la variation même de la densité de l'air, qui provient elle-même d'un rapprochement plus ou moins grand de la terre.

Plus il y aura de densité, plus il y aura de résistance. Mais, d'après les observations faites sur ce point, la résistance de l'air près de la terre est de 1 kilo. par mètre de superficie : en s'élevant, la densité décroit, en admettant qu'il soit constant, et cela parait l'être, que l'air décroit de son volume de 1/267 par chaque dégré centigrade de refroidissement.

Or, si l'on suit cette loi ; ou, si l'on veut la considérer comme certaine, il en résulte comme une conséquence très-juste, logique et même physique,

1° Que la densité diminuant en raison du refroidissement de l'air, les couches supérieures de l'atmosphère deviennent de moins en moins denses, dans la proportion équivalente du refroidissement lui-même qui provient de l'élévation.

2° Que si la décroissance du volume de l'air est de 1/267 par chaque dégré de refroidissement ; et,

si le refroidissement est égal à 1° par chaque deux cents mètres d'élévation, comme nous venons de le poser plus haut, il doit arriver lorsque l'on aura atteint la hauteur de 53,400 mètres, que le gaz hydrogène se trouvant dans un milieu aériforme dont la densité est égale à la sienne, le ballon qui le contient ne pourrait plus s'élever ; et, l'aéronaute serait soumis à une température de 267° de froid au dessous de zéro, ce qui constituerait une double impossibilité, puisque déjà la vie cesse à une hauteur beaucoup moins considérable.

Les bases de la résistance de l'air, en ce qui concerne la force ascensionnelle des ballons au moyen du gaz, se trouvent donc dans la combinaison des deux faits que je viens de rapporter, et desquels il résulte en définitive les principes fondamentaux suivants.

1° La dilatation du gaz selon les hauteurs, et son équilibre avec la température : l'un et l'autre se produisent plus ou moins rapidement selon la rapidité de l'ascension.

2° La densité variable de l'air selon les hauteurs ; ce qui fait qu'à une élévation déterminée ci-dessus, si l'on pouvait l'atteindre, la force ascensionnelle cesserait d'exister.

3° La progression de résistance selon la densité, qui dépend de la hauteur à laquelle on se trouve.

⸎⸎⸎⸎⸎

LOI DE LA RÉSISTANCE QU'ILS PRÉSENTENT.

Le poids de l'air étant donné, et sa densité occasionnant de la résistance, la loi de celle-ci se résume par ce fait principe.

Suspendez un poids de un kilo, à une superficie de un mètre carré, ce poids ne *tombera* pas comme s'il était abandonné *libre* ; et, alors la vitesse de sa chute ne sera pas en raison du carré de la distance à parcourir jusqu'à terre.

Il *descendra* doucement, eu égard à la loi de résistance proportionnelle qui lui est opposée, parce qu'un mètre de surface, équilibre dans l'air un kilo en poids, sauf la variation de densité qui diminue encore la rapidité de la chute dans la même proportion.

Ce fait a été expérimenté des milliers de fois. Il est un des points de départ, une des bases fonda-

mentales de la théorie de la direction des aérostats. puisque c'est avec lui que l'on doit rechercher la forme qu'ils doivent avoir ; puisque la résistance de l'air est en proportion des surfaces opposées et de la densité : car, toutes deux doivent tendre à amortir, diminuer, rendre plus lente la chute des corps pesants, ou modifier leur mouvement.

Donc, en présentant de grandes surfaces à l'air afin de neutraliser par leur résistance, ou plutôt celle de l'air lui-même, l'accélération du mouvement des corps soit qu'ils tendent à s'élever, descendre, ou marcher horizontalement, on doit nécessairement, par une proposition inverse, arriver à retarder le mouvement ascensionnel des ballons, qui représentent un corps et un poids qui tend à s'élever par suite de la pesanteur spécifique du gaz

qu'ils renferment, qui leur sert de moteur ascensionnel.

La force ascensionnelle n'est que le déplacement
d'un fluide plus pesant par un autre qui est plus
léger ; cela constitue l'effet de la force *centrifuge*,
c'est cette force elle-même. Celle-ci doit donc à son
tour être amortie, diminuée soit par la résistance
d'une surface *contre ascensionnelle*, qui constitue
l'équivalent d'un poids de 1 kilo par chaque mètre
de superficie ; soit, par un poids véritable plus ou
moins considérable , qui de sa nature tend à déplacer un fluide moins pesant que lui, ce qui constitue l'effet de la force *centripète*.

LOI DE LA FORCE ASCENSIONNELLE

Et de sa modification : --Résultat en ce qui concerne les aérostats et leur locomotion.

Pourquoi perdre la force ascensionnelle et ne
pas l'employer? cette force, qui n'est que la loi
centrifuge, est littéralement l'équivalent d'un moteur de bas en haut qui est constamment en mouvement d'après sa propre nature et selon sa loi.

Si je sais lui résister au moyen d'une surface, je
glisserai dans l'air comme l'oiseau, comme le vaisseau sur la mer par un vent largue.

La force centrifuge est donc un moyen de mouvement tout naturel , qui subsiste tant que la cause
qui le produit subsiste elle-même.

L'homme s'élevant dans l'air au moyen d'un ballon ne s'y trouve pas porté comme s'il s'agissait pour
lui de s'élever par l'emploi d'un mécanisme qui le
ferait voler comme fait un oiseau. Cela exigerait de
sa part, l'usage continuel, incessant des forces de
celui qui tenterait une expérience qui a déjà été
faite sans grand succès, quant à la durée elle-même
de l'expérience. Il lui faudrait alors vaincre à chaque instant la loi de pesanteur des corps, comme
l'oiseau le fait lui-même. L'un est organisé par le
créateur pour marcher sur la terre, l'autre pour
avoir le domaine de l'air. On veut avoir l'un et
l'autre : c'est en cela, c'est dans la victoire à rem-
porter sur la pesanteur des corps, que le fait du
vol dans l'air devient par lui-même d'une exécution
pénible et difficile pour l'homme.

Mais avec un ballon, l'homme s'élève dans l'air
en vertu des lois immuables de la nature elle-même,
celle relative à la pesanteur spécifique des corps et
des fluides, qui donne au ballon gonflé de gaz, la
faculté de toujours monter, s'il ne rencontre aucun
obstacle.

Comme je viens de le dire, les uns par leur nature tendent à tomber vers la terre, en vertu de la
loi *centripète* ; les autres au contraire, à s'en éloigner
en vertu de la loi *centrifuge*.

Ces lois, absolues en elles-mêmes ; livrées à leur
nature, sans modification , feront que les objets
descendront ou s'élèveront.

Cependant ces lois peuvent être modifiées.

Ainsi, un récipient plein d'un fluide plus léger
que l'air, force à s'élever le corps qui tend à tomber,
lorsque la force ascensionnelle centrifuge dépasse
la loi de gravitation.

Mais, si le poids du corps est plus considérable,
l'emporte sur la force ascensionnelle, celle-ci cède
à son tour, et le corps tombe.

Mais, si les deux forces, les deux tendances l'une
centripète, l'autre centrifuge, sont adéquates ; l'é-
quilibre se fait entre elles, et le corps devient
immobile, ne pouvant obéir à deux lois qui sont
contraires par les tendances naturelles et les effets
produits.

A l'état d'équilibre, un ballon plongé dans l'air,
n'a plus d'autre besoin que celui de se mouvoir et
de se diriger, puisque l'équilibre le rend stationnaire.

Des faits et des exemples très-nombreux que je
pourrais rapporter, ce qui est inutile, constatent ce
nouvel état des corps dans l'air — celui d'être sta-
tionnaires : cette expression quant aux aérostats, doit
être prise dans ce sens qu'ils ne peuvent ni monter
ni descendre.

Cette modification apportée à la force centrifuge,
constitue un autre fait très-important que je vais

résumer en quelques mots, en partant de ce point très-certain, que la force ascensionnelle peut-être modifiée malgré qu'elle soit une loi naturelle de certains fluides.

Que la modification se faisant dans des proportions qu'il est très facile de combiner, fait obtenir à volonté l'état d'équilibre ascensionnel : soit que la modification provienne de la résistance d'une surface, ou qu'elle soit occasionnée par un poids quelconque.

Que l'équilibre étant obtenu, le ballon devient *stationnaire*, c'est-à-dire, comme nous venons de l'exprimer qu'il ne peut ni monter ni descendre.

Que si la modification n'est pas complète, c'est-à-dire, si la force ascensionnelle dépasse celle centripète dans une certaine proportion, l'aérostat obéit alors, ou peut obéir selon sa forme, à un principe d'une immense importance par rapport à la navigation aérienne; qui constitue un fait inaperçu jusqu'à ce jour, qui est la base fondamentale même de la navigation aérienne, c'est celui-ci :

La force ascensionnelle existant dans le ballon par suite de la loi centrifuge du gaz dont il est rempli, il a ainsi et porte en lui-même un agent de locomotion dont la puissance et l'effet peuvent varier selon la forme de l'aérostat et en employant la résistance des surfaces opposées à la densité de l'air; et aussi selon les poids qui modifieront cette force ascensionnelle par suite de la loi centripète de ces derniers.

La force centrifuge, modifiée par les surfaces, constitue non seulement une véritable puissance locomotrice, mais un moyen de faire mouvoir l'aérostat dans un sens voulu, de le diriger en un mot.

ÉTAT D'ÉQUILIBRE DES AÉROSTATS DANS L'AIR.

Une des grandes objections contre la possibilité de la direction des aérostats consiste à dire :

Le ballon n'a pas de point d'appui dans l'atmosphère.

Il ne peut y être en équilibre :

Ceci est évidemment un préjugé très-erroné selon moi.

En effet, il me parait que l'on peut facilement répondre et refuter une telle objection. Pour cela il doit suffire de citer des faits, et d'en rappeler d'autres importants, admis par la science ; et, j'oserai le dire, par le sens commun le plus ordinaire.

La stabilité, l'équilibre des corps sur la terre, et sur l'eau, sont en raison de la masse, du poids, du volume d'un corps donné, comparé à un autre masse, à un autre poids, à un autre volume qui aurait une tendance centripète ou centrifuge, qu'il faudrait déplacer pour éviter l'effet de la loi qui l'entraine vers ou hors du centre, afin de neutraliser la tendance qu'il peut offrir.

Ainsi par exemple; soit sur la terre, un kilo de poids dans chaque plateau d'une balance, il y a équilibre entre ces deux forces qui sont centripètes : otez un seul gramme, même moins, il n'existe plus, la balance penche du côté le plus lourd.

Si un navire a été construit pour porter cent tonneaux, eu égard au volume d'eau qu'il faut déplacer en les arrimant dans ses flancs; il les supportera sans sombrer; parcequ'il y a équilibre entre la force centripète, et celle de l'eau, dont le poids et le volume à déplacer sont suffisants pour résister à ces cent tonneaux dont le navire est chargé sans inconvénient.

Si vous dépassez d'un tonneau, l'équilibre n'existera plus, et le navire coule, sombre.

Sur terre, l'équilibre vient de l'équipollence des poids offrant une égale tendance centripète.

Sur l'eau, il vient de l'équipollence entre le poids à supporter, et le déplacement d'un volume d'eau équivalent à ce poids, qui résiste à la force centripète.

Pourquoi l'équilibre n'existerait-il pas, ou plutôt pourquoi ne pourrait-on pas l'établir ailleurs? dans l'air par exemple ?

Pourquoi n'y trouverait-on pas un point d'appui, comme on en trouve un sur terre, sur l'eau?

Ne peut-on pas vaincre la force ascensionnelle, centrifuge, par une équipollence de poids constituant la force centripète.

L'équilibre et le point d'appui dans l'air, c'est la résistance que l'on oppose à la force ascensionnelle, qui est centrifuge de sa nature; ou à la chute d'un corps dont le poids est centripète.

Il ne faut pas prendre les mots point d'appui, équilibre, dans l'acception grammaticale rigoureuse, et y attacher le sens, que c'est *matériellement un point fixe autour duquel le poids et la puissance sont en équilibre sous un levier.*

Le point d'appui dans l'air, c'est sa densité, dont on se sert pour résister à la force ascensionnelle, ou à celle centripète : *le moyen de résister, c'est l'emploi d'une surface ;* l'équilibre est le moment où les deux forces sont en état d'équipollence. Dès que le ballon en est arrivé à ce point de ne pouvoir ni monter ni descendre, et cela se voit très-souvent, il se trouve réellement appuyé sur l'air, en état d'équilibre ; il devient stationnaire : voilà le résultat.

Ainsi supposons un parachute n'ayant qu'un mètre de superficie : que l'on y suspende un poids de dix kilos ; la résistance est insuffisante pour vaincre la force centripète, puisqu'un mètre de surface ne résiste qu'à un kilo : dans cet état la force centripète l'emportant, le parachute tombe plus ou moins rapidement, et ne descend pas progressivement, comme lorsqu'il n'y a qu'un kilo.

Si l'on ne suspend au parachute qu'un seul kilo, la loi d'équilibre ou plutôt celle de la résistance n'étant pas dépassée, le parachute descend mais ne tombe pas parcequ'il y a tendance vers l'équilibre.

Si l'on suspend à un ballon un poids dépassant sa force ascensionnelle, l'équilibre entre les deux puissances, celle centrifuge et celle centripète, est rompu ; le ballon ne peut s'élever, il est sombré comme le vaisseau qui coule par suite d'une surcharge.

S'il est moindre de dix kilos, la force centrifuge l'emporte, et le ballon s'élève, ce n'est pas encore l'équilibre.

Mais, si le ballon porte un poids égal à sa force ascensionnelle, il est en équilibre, soit au moment de s'élever, car alors la force la plus minime, celle d'un enfant, soulèvera tout l'appareil ; soit au moment ou il nage dans l'atmosphère, n'importe à quelle hauteur. Son volume seul le soutient alors dans l'air sur lequel il se trouve appuyé d'une manière matérielle et très-réelle. Dans cet état, dans ce moment, si ce n'était l'impulsion du vent il serait stationnaire, mais il l'est en ce qui concerne la faculté de monter ou descendre ; ainsi que je viens de le faire connaître, il n'a plus la faculté du *mouvement vertical* : L'aérostat se soutient donc dans l'air parceque comme je viens de le dire, l'équilibre a été établi entre les peux puissances centrifuge et centripète ; et, c'est dans cet état comme disent les aéronautes, qu'il devient *stationnaire verticalement ;* expression équivalente à celle d'équilibre sur la terre et sur l'eau, car il est réellement *appuyé* sur l'air, sans cela il tomberait.

Son mouvement ascensionnel peut-être augmenté ou diminué, selon que l'on augmentera ou diminuera la force centrifuge en perdant du gaz, ou en jettant du lest qui résiste à cette force. Mais cette méthode doit être proscrite : ce moyen est l'ancien système que je repousse de toutes mes forces.

Les expériences qui représentent ces divers états du ballon, ont été faites par milliers.

Quand l'oiseau se meut dans l'air, c'est que la faculté de mouvement imprimé à ses ailes par sa volonté de se mouvoir, et la superficie de ses ailes mues par une force spéciale qui réside en lui et dans son organisation animale, tend à vaincre la résistance que peut offrir le poids de son corps qui de sa nature l'entraine vers le centre.

On ne voit pas un oiseau s'élever perpendiculairement : il suit toujours une ligne oblique. Il glisse dans l'air, parceque précisément la nature de la résistance que le volume et le poids de son corps présentent, et l'étendue de ses ailes, lui offrent un moyen de locomotion dans ce sens. La surface présentée au contact de l'air étant supérieure à la force centripète, il peut user ainsi de la force de ses ailes, et s'avancer vers le but auquel il tend.

Plus les ailes sont grandes, plus le vol est léger, rapide, parceque leur mouvement et l'étendue de leur surface se combinent pour vaincre la résistance centripète, et celle provenant du déplacement de l'air. Cela est ainsi, d'abord par la loi physique d'une force supérieure qui tend à surmonter l'obstacle opposé par une autre force qui est moindre ; et parceque cela est dans la nature de cet être ainsi organisé.

Il est donc impossible à l'homme de l'imiter, et cela surtout quand il plane, c'est-à-dire, quand l'équilibre se manifeste par un temps d'arrêt : il est *stationnaire,* mais volontairement, comme le ballon peut le devenir lorsque les deux forces centrifuge et centripète sont en équipollence par l'effet d'une combinaison dépendant de la volonté de l'aéronaute qui le monte.

Cet état *stationnaire,* n'est point une supposition en fait d'aérostation ; il y a des faits nombreux qui l'établissent ; et, je ne puis mieux faire que de rapporter ce que l'un des hommes qui ont tenté ces expériences, dit lui-même de celle qu'il a faite.

Voici ce que raconte le physicien Charles, dans la relation du premier voyage aérien qu'il fit, et qui ait été exécuté le 21 novembre 1783. Ce fait est très important, il tend à prouver que l'on peut se mettre en équilibre dans l'air, et y devenir stationnaire perpendiculairement.

« Je m'étais élevé, dit-il, à 1524 toises environ : « après *avoir lâché une assez grande quantité de* « *gaz,* le froid me prit au bout des doigts, et je « ne pus continuer à écrire et prendre note sur « la hauteur du baromètre. Cela, ajoute-t-il, était

» devenu inutile, je n'en avais plus besoin, *j'étais* » *stationnaire et n'avais plus qu'un mouvement horizontal.* »

Évidemment, quant après avoir perdu une assez grande quantité de force centrifuge, on devient *stationnaire*, c'est qu'il y a équilibre entre la force centripète du poids soulevé, et la force centrifuge. Alors si le ballon se soutient dans l'air, c'est évidemment aussi par cette cause, qu'il y a un point d'appui très-réel dans l'air, fondé sur sa densité et la résistance qu'il oppose à un volume quelconque qui est immergé complettement. Cet équilibre dont parle le physicien Charles, avait été produit en jettant du lest et en perdant du gaz, ainsi qu'il le fait connaître dans sa relation. Mon système tend à produire cet état par l'emploi de la résistance des surfaces.

Il faut bien se garder de confondre ici le mouvement horizontal dont il est parlé, avec l'une des forces dont je viens de rappeler l'effet vertical, parceque d'abord il est complettement différent, et tient purement et simplement à ce que le ballon étant livré à l'impulsion du vent, sans avoir de moyens de résister à cette propulsion, doit nécessairement avancer vers un point opposé au vent.

Mais si dans ce moment, il avait *en lui*, ou dans *sa construction* quelque chose qui put contrebalancer la force propulsive du vent, une surface quelconque, l'équilibre se ferait dans le sens horizontal, ou plutôt l'état stationnaire tendrait à se produire, comme il se produit dans le sens vertical. Toutefois il est essentiel de faire cette remarque, que la tendance *vers l'état stationnaire horizontal ne peut ni ne doit s'acquérir définitivement*, parcequ'il y a la force *toujours agissante du vent qui doit avoir le mouvement pour résultat*, force à laquelle, avec la forme ordinaire le ballon ne peut résister; que d'ailleurs le mouvement est nécessaire pour arriver à la direction; comme la force toujours agissante de la puissance centrifuge, doit également servir à produire le mouvement.

Ce sont ces deux moyens combinés qui forment la base de mon système de locomotion pour arriver plus facilement à la direction.

Néanmoins, en citant un passage d'une expérience faite par Monsieur Dupuis Delcour, nous aurons l'occasion de parler de l'état et de la marche du ballon dans ce mouvement, lorsqu'il suit une ligne horizontale, et des moyens de faire servir cet état à la question de la direction.

De la résistance de l'air, mouvement, capacité des ballons.

J'ai dit plus haut que la pesanteur moyenne de l'air comparée à celle de l'eau, est comme 1 est à 800, ou 770 selon d'autres physiciens.

L'air étant infiniment moins dense, il faut en le prenant comme point d'appui, quand on veut *porter* avec un ballon, en avoir un qui sera par sa capacité 800 fois ou 770 fois au moins plus considérable que celui employé pour porter le même poids sur l'eau.

Mais, ce point trouvé, et la chose est facile, il faut arriver au moyen à employer pour la *locomotion*, en admettant encore que l'équilibre a été trouvé et soit un fait accompli, acquis à l'expérience que l'on fait.

Alors pour l'établir mathématiquement, on rentre dans cette règle que le *moyen de locomotion*, doit-être en *raison de la densité du fluide, des* résistances *occasionnées par l'étendue des surfaces et par le volume de l'appareil aérostatique.*

Donc, pour arriver à la même puissance de porter, la capacité des ballons par rapport à celle des vaisseaux, doit varier comme le poids, la densité de l'air et de l'eau.

Si je veux porter 1, dans l'air, je devrai avoir une capacité 800 fois ou 770 fois plus grande que sur mer, puisque la densité, le poids de l'eau est en effet comme 800 ou 770 est à 1. — (1)

Ce que je viens de dire ne se rapportant qu'à la puissance de porter et *l'air présentant une résistance naturelle contre les surfaces*, il faut travailler à produire le mouvement, afin de vaincre la résistance

(1) Ce principe trop certain, me parait devoir être un

de l'air; afin d'aider au mouvement qui provient soit de la force ascensionnelle, soit de la propulsion du vent. On aura pour cela un mécanisme quelconque: ce n'est pas en cela que se trouve la difficulté, car il en existe plusieurs qui ont fourni de bonnes preuves de leur efficacité, étant appliqués au ballon. Nous les citerons plus loin, ainsi que les faits auxquels on doit les rattacher.

ÉTAT

Du mouvemsnt d'un aérostat dans l'air lorsqu'il est au-dessus de la région atmosphérique inférieure.

Pour arriver à se faire une théorie, et j'oserai même dire, pour raisonner sur la direction des aérostats, il faut profiter de l'expérience des aéronautes dans cette matière, et citer les faits relatifs à l'état d'un ballon dans l'atmosphère.

Voilà ce que l'un d'eux dit (1) et cela parait constant en aérostatique.

« Quand un ballon voyage *horizontalement, il* » *se trouve, relativement à l'air dont il est envi-* » *ronné, dans la plus complette immobilité. Il n'a* » *aucun mouvement qui lui soit propre : ce n'est pas* » *lui qui se meut, qui marche, mais bien la masse* » *d'air dans laquelle il est immergé et comme enlevé:* » c'est à ce point que l'aéronaute n'éprouve en au- » cune façon l'action de l'air. Tout est immobile » autour de lui; les drapeaux ne sont point agités: » il ne ressent point l'action du vent, des bulles de » savon qu'il place devant lui sur une tablette, y » demeurent dans un état complet de repos, et » la flamme d'une bougie placée dans la nacelle, » même quand le ballon fait vingt lieues à l'heure, » ne s'éteindrait pas.

» Il est exactement comme une boule de bois » que l'on abandonne au courant d'un ruisseau; » elle avance, *ce n'est plus la boule qui marche,* » *mais l'eau qui la porte, et dans laquelle elle est* » *plongée.* »

Ainsi, la boule suit le cours de l'eau, *parce qu'elle n'a aucun mouvement qui lui soit propre, parce qu'elle n'a aucun moyen de résistance, soit dans sa forme, soit dans un mécanisme quelconque qui puisse la faire dévier du cours de l'eau qui l'entraîne, sans pouvoir lui résister.*

Elle n'a pas de force en soi, parce que c'est un corps *inerte,* parce qu'il n'y a pas de force centrifuge qui lui donne un mouvement propre : parce qu'elle est façonnée au contraire de manière à ne pouvoir se donner du mouvement. Mais si l'on vient à admettre *qu'elle porte en elle-même un principe, un agent de locomotion,* comme nous allons l'établir pour les aérostats, la question change aussitôt et la comparaison proposée par Dupuis Delcourt, cesse d'être exacte.

Les aéronautes ont fait encore la remarque suivante :

obstacle insurmontable à ce que les ballons soient habituellement employés à porter des poids comme celui des vaisseaux de 1000 tonneaux par exemple, avec l'équipage et tout ce qui constitue l'approvisionnement; non pas qu'il soit impossible de construire un aérostat d'une dimension suffisante pour obtenir la puissance centrifuge capable de porter ce poids; mais parceque le volume très considérable qu'il faut indispensablement donner au ballon, est tel que l'on ne pourra créer sans d'énormes dépenses, un local assez vaste pour le mettre à l'abri des intempéries des saisons; et parce que pour remplir un tel aérostat, il faut le laisser soumis à l'influence des vents qui le dérangeront, le briseront peut-être même avant son départ; à bien plus forte raison pour une flotte: car, pour le vaisseau isolé comme pour la flotte, il faut en outre un port de départ et un autre où il puisse s'arrêter, c'est-à-dire d'immenses bâtiments servant de port.

(1) Dupuis Delcour.

Un ballon à *forme sphérique*, ne peut être dirigé parce qu'il pivote sans cesse sur lui-même lorsqu'un obstacle quelconque vient à le frapper sur l'une de ses parties : il le fait *tourner* mais non pas *avancer* vers un but déterminé; *il n'a pas en soi et avec cette forme, de force de direction, de moyen pour y parvenir.*

De toutes les formes, celle sphérique est la plus mauvaise que l'on puisse choisir pour les *ballons que l'on veut diriger;* parce qu'elle ne présente pas de point de résistance du côté opposé au choc, ou à l'agent quelconque dont je viens de parler, qui le fait pivoter. Le pivotement n'est pas en soi une chose très-redoutable, parce qu'il n'engendre aucun danger; mais comme il est inutile, il faut donc trouver dans la forme du ballon, un moyen de l'éviter : Ce pivotement au surplus se fait remarquer sur une boule plongée dans l'eau : le moindre souffle de vent, non seulement la pousse dans la direction vers un point quelconque, mais de plus la fait tourner réellement sur elle-même, ainsi que j'ai souvent eu l'occasion de l'observer.

Mais quant aux aérostats, quels que puissent être les moyens de traction, propulsion et autres pouvant donner le mouvement, on n'arrivera jamais au but, *avec la forme actuelle,* but qui est d'aller le plus directement possible d'un point vers un autre, parce que si l'on n'oppose pas un moyen convenable à cette inertie du corps et *de la forme* surtout, il y a et il y aura toujours tendance à suivre le vent, à céder à sa propulsion. (1)

------

(1) J'irai même jusqu'à dire que plus les efforts pour le faire avancer seront multipliés, plus les secousses se produiront en même nombre.

Avec la forme sphérique, le gouvernail est une chose inutile, parce que l'usage est impossible pour produire un résultat utile.

Il est une chose qui me paraît bien plus impossible encore, c'est l'emploi des mâts et des voiles.

En effet, si une cause quelconque venant à agir sur l'un des points latéraux d'un aérostat, le fait pivoter sur lui-même; la résistance provenant de la surface des voiles opposées à la force du vent, le fera pencher de haut en bas, par la raison toute simple qu'il faut trouver *en bas un point d'appui assez solide* pour résister à la force du vent qui fera pencher l'aérostat en le prenant par le haut.

Cette résistance ne peut se trouver dans le lest porté par le ballon, *mais dans un point d'appui pris en dehors du ballon,* qui puisse être opposé à l'action de l'air et à cette force qui attaque le haut où sont les voiles, puisque lorsque le ballon marche horizontalement, il est dans une position perpendiculaire à son axe; il est en état d'équilibre vertical en ce qui concerne les forces centrifuge et centripète : tandis que dans l'hypothèse que je présente, il faut également trouver son équilibre, et maintenir cette position. Il ne pourra la trouver et la maintenir que dans la résistance d'un autre fluide ou corps plus dense que l'air dans lequel il serait immergé, ce qui est inadmissible.

Sur mer, il y a une double loi qui empêche le vaisseau de sombrer : le lest et la masse d'eau à déplacer qui résiste à la force du vent frappant les voiles. Mais, dans l'air, ce ne peut être la même chose, ce n'est plus pour ainsi dire le

Aussi le ballon suit l'air horizontalement, parce qu'il est entouré par le vent sans pouvoir y résister, comme la boule sur l'eau.

Mais, si j'oppose une résistance à l'air, il devra se produire alors le même phénomène qui se produit sur un vaisseau alors qu'il vogue sur la mer contre un courant, en lui présentant un de ses flancs, pour traverser un très-grand fleuve par exemple.

Sans doute, quelle que soit la quantité de voiles déployées, le vaisseau dérivera, mais la dérivation ne sera pas aussi complète, à beaucoup près, que s'il était abandonné au courant sans aucun moyen de locomotion et de résistance

Évidemment, il doit en être ainsi pour l'air, et son influence sur un volume quelconque qui s'y trouve plongé, immergé; et, je dirai même que la position me paraît plus favorable, en ce sens, que la résistance produite par l'air au moyen d'une surface latérale, doit équivaloir au moyen de propulsion, ainsi que nous allons chercher à le démontrer tout à l'heure.

L'air est mobile, cela est vrai, mais l'eau l'est également et cependant on remonte un courant, et cependant on traverse un très-grand fleuve,

On dira on ne peut aller dans l'air contre un fort vent debout, cela est encore vrai, mais la même chose arrive sur mer; et, l'on ne parvient au but qu'en courant des bordées; il peut-être permis de penser qu'il en sera de même dans l'air, car l'impossibilité ne se présente pas à l'esprit, c'est donc précisément à cause de la mobilité de l'air, qu'il faut employer des moyens propres à profiter de la résistance qu'il peut offrir, les augmenter en quelque sorte dans la proportion de la densité, et pour y suppléer au besoin, comme nous le dirons plus tard.

Plus heureux, ou du moins plus favorisé que le marin, le pilote aérien peut transporter sa voie de navigation à une hauteur plus ou moins élevée, éviter ainsi un courant d'air défavorable à son voyage, en cherchant celui qui lui convient. Le

------

même principe, parce que les éléments et les conditions de locomotion sont différents. Car, si dans l'air pour obtenir de la résistance par le lest, on perd la force ascensionnelle, celle-ci étant trop grandement diminuée, l'aérostat coule, sombre; mais ce n'est pas de cela qu'il s'agit, il faut trouver un moyen de résistance à la force du vent qui frappe la partie supérieure, qui le fait pencher, chavirer même. Un vaisseau conserve l'équilibre et sa position verticale, parce que l'eau lui présente tout à la fois appui et résistance convenable; mais le ballon est dans un milieu beaucoup moins dense, plus mobile et surtout plus compressible. Il arrive cependant que les vents sur mer sont tellement forts et violents que le bâtiment sombre parce qu'il n'a pu résister à la force de la tempête, mais c'est là l'exception, et cela n'arrive que par suite d'un événement de mer que l'on appelle embarquer des lames. C'est le poids de l'eau qui roule sur le pont qui se joignant à la force des vents, fait sombrer les bâtiments, sans cela ils résisteraient toujours à la tempête.

marin est forcé de rester toujours sur le même élément : il ne peut éviter les courants; il ne peut fuir la tempête; il lui est impossible de franchir un grand espace en quelques minutes; tandis que l'aéronaute a pour lui l'immensité de l'espace. En quelques instants il s'abaisse ou s'élève à son gré; et au-dessus de trois mille mètres, en toutes saisons, sous tous les climats, sous toutes les latitudes, il est certain de trouver habituellement une température égale, et le plus souvent, sinon le calme et l'équilibre, du moins une grande régularité dans le vent.

Il peut aller chercher tout cela, le prendre même où il voudra.

Il n'y a donc pas la moindre parité sous ce rapport dans les conditions de la navigation. Evidemment la part la plus grande, la plus large, la plus facile et la moins dangereuse, est pour l'aéronaute. Pour lui, avec ce pouvoir de changer de place en choisissant le lieu où il doit faire son voyage, il plane dans l'immensité; il en est le roi; celui de l'univers, en quelque sorte; il domine tout et toutes choses aussi : sous le rapport physique, la création est à ses pieds; sous celui moral, il est digne dans un tel moment de tenir le milieu entre le créateur et la création, œuvre d'un être supérieur à l'image duquel il a été fait.

Ainsi, dès que l'homme aura réussi à se placer à une certaine élévation en équilibre dans l'air environnant, il devra lui suffire de la plus legère force pour donner à sa machine une direction horizontale au moyen d'un mécanisme, ou même de la construction de son bâtiment aérien.

Il faut chercher l'un et l'autre.

Alors surgit la question de la forme d'un ballon, puisque celle sphérique est proscrite comme impossible en ce qui touche *la navigation aérienne* et *plus spécialement la direction* : nous en parlerons plus tard.

Mais avant d'aborder cette partie du sujet, il me semble nécessaire de poser quelque principes donnant la règle de construction pour fixer la dimension d'un aérostat, afin de savoir ce qu'ils peuvent porter

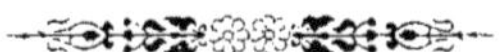

PRINCIPES

Donnant la règle pour le tonnage ou puissance de porter pour un aérostat.

Ces principes sont tout entiers dans la différence qu'il y a entre la densité de l'air comparée à la densité des autres gazs.

La densité, ou si l'on veut le poids de l'air, est une des bases à envisager pour obtenir l'équilibre contre la force ascensionnelle, mais ce n'est là que l'un des termes de cette proposition, à laquelle se joint de toute nécesssité cette autre partie, savoir l'effet que produisent les surfaces mises en contact avec l'air.

Le poids ou la densité de l'air ne sont pas invariables.

Un mètre cube d'air, au niveau de la mer, pèse 1299 grammes, ou un kilogramme 299 grammes.

Dans les mêmes conditions, une sphère pleine d'air ayant un mètre de diamètre, pèsera 683 grammes environ.

Si l'on admet que le gaz hydrogène employé à gonfler le ballon soit seulement dix fois plus léger que l'air, (nous avons dit plus haut que la pesanteur était comme 69 est à 1,000, c'est-à-dire un peu plus de 15 fois plus léger) à cause de l'impureté de l'hydrogène obtenu, il en résultera que la force ascensionnelle ou centrifuge d'une sphère d'un mètre de diamètre, sera de 6830 grammes, ou 6 kilogrammes 830 grammes.

Avec ce principe si simple, en déplaçant de l'air, d'une manière convenable tout en augmentant la capacité, le volume des aérostats, on peut arriver à une puissance de *porter* très-développée, du moins en théorie.

Maintenant *un mètre cube d'air déplacé, donne un kilo de puissance utile.*

Cette autre règle est le point de départ de la navigation atmosphérique pour *pour calculer l'équilibre des forces ascensionnelles.* Par conséquent, le tonnage ou puissance de porter, est représenté pour chaque tonneau, ou 1,000 kilos, par le déplacement de 1,000 mètres cubes d'air.

C'est donc bien peu de chose que le déplacement de quelques cents mètres cubes d'air, pour faire de *grandes expériences,* du moins si l'on ne sait pas conserver le gaz dans l'aérostat.

Avec mon système on parvient facilement à ce résultat.

Il convient maintenant de résumer tous les principes que je viens de poser ci-dessus; il importait de les établir comme formant par leur ensemble, un des côtés du système de la navigation aérienne.

Nous aurons tout à l'heure l'occasion de les rappeler en parlant d'une manière spéciale des lois de résistance des différentes surfaces, opposées au contact de l'air. Cet état, et les lois de résistance établies, nous conduirons tout naturellement à proposer la forme qu'un aérostat doit avoir, selon nous, pour obtenir plus facilement la *locomotion mécanique* et la direction; quoique selon nous et ce que nous allons dire, le mécanisme moteur ne ne soit qu'un agent très secondaire dans le système général.

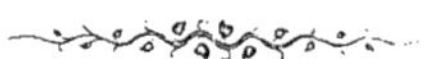

RÉSUMÉ

Des principes contenus dans cette première partie.

Principe des Montgolfières

La chaleur raréfiant l'air concentré dans un récipient fermé, lui fait occuper dans cet état nouveau, un espace double de celui qu'il occupait précédemment, ce qui constitue une force centrifuge au moyen de l'air réchauffé, l'air froid forçant l'air chaud à se déplacer de bas en haut en raison de sa moins grande densité.

Pression atmosphérique.

La pression de l'atmosphère sur le corps d'un homme est de 33,000 livres : elle augmente ou diminue de cent quarante livres par chaque variation d'une ligne dans la hauteur du baromètre.

Densité de l'air.

La densité des différentes couches de l'air, dépend du rapprochement de la terre. La variété de cette densité est limitée par la température plus froide des régions supérieures.

Température

La température de l'air est égale à 1°. centigrade par chaque 200 mètres d'élévation : mais cette règle n'est pas cependant absolue, car on admet que la décroissance d'un degré dépend de la densité de l'air à un point inférieur correspondant, en prenant 0 pour point de départ.

C'est-à-dire, que si en m'élevant à 200 mètres, la température s'abaisse d'un degré au-dessous de zéro; si je veux obtenir un degré au-dessus de cette limite, il n'est pas certain qu'après avoir descendu de 200 mètres au-dessous du point de départ où j'ai commencé à observer, le thermomètre s'élève d'un degré au dessus de zéro, parce que cela dépendra de l'état de la densité de l'air.

La température dépend donc de la densité, ou plutôt celle-ci la constitue; il peut être admis alors qu'à 47,000 mètres, hauteur présumée de l'atmosphère, la température ne soit pas en proportion de 1°, par 200 mètres d'élévation, quoique cependant on dise que sous tous les climats la température de l'air soit la même à une même hauteur.

Dilatation du gaz. Ce point est très-important en ce qui concerne la dilatation des gazs, et par suite la forme et la capacité à donner aux aérostats.

Quant à la dilatation du gaz, il faut considérer l'équilibre de température, et l'équilibre d'élasticité auquel il est soumis dans son ascension, parce que la dilatation s'opère très-rapidement dans ces cas en ce qui concerne l'élasticité; tandis que quant à la température, elle ne s'établit que progressivement et proportionnellement.

État de l'atmosphère. A une certaine hauteur dans l'atmosphère, il y a calme, ou plutôt un courant régulier de vents alisés.

En s'élevant dans l'atmosphère les couches de l'air sont de moins en moins pesantes, parce qu'elles sont moins denses.

Pesanteur de l'air comparée à celle de l'eau. La pesanteur moyenne de l'air comparée à celle de l'eau, est comme 1 est à 800, d'autres disent comme 1 est à 770.

Pesanteur du gaz. La pesanteur du gaz hydrogène pur, est à celle de l'air comme 69 est à 1,000, c'est-à-dire, qu'un mètre cube d'air pèse un peu plus de quinze fois le même volume de gaz.

Poids de l'air. Un mètre cube d'air au niveau de la mer, pèse 1,299 grammes.

Une sphère d'un mètre de diamètre, pleine de gaz, pèse 683 grammes.

Alors la force ascensionnelle du gaz contenu dans cette sphère, réduite à dix fois seulement, donnera une puissance assensionnelle de 6 kilogrammes 830 grammes.

Déplacement de l'air. Un mètre cube d'air déplacé, donne 1 kilo de puissance utile.

Cette règle est la base de la puissance de porter pour les aérostats. Il faut donc mille mètres cubes d'air déplacés pour porter 1,000 kilos.

Mais il faut faire attention à ce point important et se demander combien faudra-t-il déplacer de mètres cubes d'air avec une quantité de 1 mètre cube de gaz qui est quinze fois plus léger.

Résistance de l'air et des surfaces. La résistance d'une colonne d'air opposée à une surface est de 1 kilo par mètre carré de superficie : elle varie suivant la densité de l'air, et la rapidité de la marche de cette surface, comme nous le dirons plus loin.

Diminution de densité. La densité diminue en proportion de l'élévation de la zone atmosphérique.

Décroissance de volume. Il est admis aujourd'hui en physique que l'air décroit de $1/267^e$ de son volume par chaque dégré de refroidissement.

Force ascensionnelle. La force ascensionnelle, centrifuge de sa nature, peut être modifiée par une loi contraire et donner l'équilibre dans l'air.

Effet de l'équilibre pour les aérostats. L'effet de l'équilibre dans l'air pour un ballon, c'est de le rendre stationnaire en ce qui touche le sens perpendiculaire ou vertical.

La force ascensionnelle existant dans le ballon lui-même rempli de gaz, il porte ainsi avec lui l'agent principal de locomotion, dont la puissance varie selon que l'on saura employer la résistance des surfaces à l'air ou des poids qui peuvent modifier cette force ascensionnelle.

Point-d'appui dans l'air. Les ballons ont un véritable point d'appui dans l'air : ce qui le démontre, c'est que lorsque l'équilibre est fait entre la force ascensionnelle et celle centripète, ils ne tombent pas, mais suivent une direction horizontale : s'ils n'avaient pas de point d'appui dans l'air, à cause de sa densité, ils tomberaient ne pouvant se soutenir par eux-mêmes.

Les aérostats à forme sphérique n'éprouvent aucune oscillation dans l'air à une certaine hauteur. Ils sont soumis seulement à la propulsion du vent; ils n'ont aucun moyen d'y résister, soit par leur forme, soit par un mécanisme.

La forme sphérique est la plus mauvaise de toutes pour résister au vent et pour la direction.

Il faut chercher un moyen de résistance dans la forme et l'étendue des surfaces opposées à l'air.

Tel est en quelques lignes le résumé exact de la science et de mes idées relativement à tout ce qui précède. Comme nous l'avons dit, ces principes groupés ensemble, sont la base première, indispensable à connaître, à étudier, toutes les fois que l'on voudra se livrer à des recherches sur la direction des aérostats.

Nous allons examiner dans la seconde partie, en posant de nouveaux principes, tout ce qui concerne la théorie des surfaces opposées à l'air.

SECONDE PARTIE.

PRINCIPE GÉNÉRAL RELATIF AUX FORMES A DONNER

Aux aérostats.

La résistance des surfaces sphériques, est moins grande que celle des surfaces planes.

Celles-ci donnent moins de résistance que les concaves.

Les concaves garnies d'un rebord plus ou moins saillant, donnent plus de résistance que celles qui n'en ont pas.

Avec ces seules énonciations, ces principes, on se rend facilement compte pourquoi le ballon sphérique est entraîné comme une boule dans un courant d'air, sans pouvoir y résister.

C'est aussi avec ces principes que l'on doit chercher la forme à donner non seulement au ballon lui-même, mais aux accessoires qui doivent opérer la résistance.

Principes théoriques généraux de la résistance des surfaces opposées à l'air.

Borda trouve que pour les vitesses ordinaires, c'est-à-dire, celles qui ne dépassent pas dix mètres par seconde, la loi de résistance est proportionnée au carré de la vitesse.

L'expérience s'est faite au moyen de plaques carrées de $0^m 0117$, auxquelles il a fait prendre des vitesses qui se sont élevées graduellement de $2^m 06$, à $8^m 87$.

Quelques physiciens, Dubuat entre autres, ont avancé que la résistance de l'air croit proportionnellement à l'étendue des surfaces des corps qui l'éprouvent : nous pensons que cette opinion est fondée, et nous allons citer un fait qui va le démontrer.

Cependant Borda en expérimentant sur des plaques dont les surfaces étaient comme les nombres 1; 2, 25; 5, 06; avait obtenu des résistances qui étaient entre elles comme 1; 2, 44; 5, 97; c'est-à-dire, qui ont cru à très-peu de chose près, comme la puissance de 1. 1. de la surface des plaques.

Ces expériences ont été faites par un mouvement circulaire et s'appliquent à lui.

Quant au mouvement rectiligne, la résistance est simplement proportionnelle à l'étendue des surfaces.

Sur ce point, nous nous permettrons de critiquer et contredire cette théorie, par la citation du fait indiqué ci-déssus qui nous parait d'une haute importance; et duquel, selon nous, il résulterait une théorie tout autre.

Le voici.

Les personnes qui font des expériences d'ascension en ballon, voulant obtenir un prix de revient moins élevé dans leur remplissage, ont eu l'idée d'employer le gaz hydrogène carbonné (celui qui sert à l'éclairage) dont le poids spécifique est plus lourd que celui du gaz hydrogène pur. Par suite elles ont été obligées de donner une plus grande capacité aux aérostats *pour obtenir un résultat égal en force ascensionnelle*.

Le *volume ainsi augmenté* a fait faire par hasard, un véritable progrès à l'art aérostatique, en raison de la *stabilité*, de *l'assiette* que les nouveaux ballons ont prise dans l'air, à cause de leur volume, que la pesanteur du gaz hydrogène carbonné a obligé de doubler, même de tripler.

Cette *stabilité*, cette *assiette*, *obtenue ainsi en raison du volume du ballon, doublé, triplé*, me semblent alors démontrer que la résistance n'est pas simplement proportionnée à l'étendue de la surface, mais croit dans la proportion même de l'étendue du volume ou de la surface comme l'a dit Dubuat. On doit, ce me semble, être d'autant plus porté à suivre cette règle, et l'adopter en principe, que ce n'est plus une théorie, mais un fait bien constaté, qui sert lui-même à établir un autre fait non moins important dont nous avons déjà parlé; savoir le point d'appui dans l'air pour un aérostat; puisqu'il y a *stabilité*, *assiette*. Je me rappelle parfaitement avoir vu plusieurs expériences à Paris, dans lesquelles le ballon était presque immobile au-dessus du lieu où je me trouvais moi-même.

D'autres faits que je vais citer, vont confirmer la modification à la théorie rappelée ci-dessus.

AUTRE PRINCIPE DE RÉSISTANCE.

Les surfaces entourées de rebords saillants, éprouvent ou plutôt présentent une résistance plus forte que les surfaces planes, ainsi que nous l'avons déjà énoncé.

Il en est de même des surfaces concaves, telles que le côté des voiles d'un navire exposé au vent.

Toutefois, il est acquis que la flèche de la courbure, ne doit pas dépasser le tiers de la largeur de la voile. Cette dernière observation est utile à noter, pour la règle à suivre dans la forme à donner à certaines surfaces dont on voudrait se servir pour obtenir la résistance convenable en ce qui touche la forme des aérostats et leur direction.

PRINCIPE

De l'influence de la densité des fluides pour la résistance.

La résistance de l'air est proportionnée à la densité; et comme cette dernière varie notablement d'un lieu à un autre, et à chaque instant, suivant l'état de l'atmosphère indiqué par le baromètre, la densité doit donc être introduite dans l'expression de la résistance de l'air.

Nous sommes loin de contredire cette théorie, mais nous croyons devoir ajouter que la résistance de l'air est proportionnée à la rapidité du mouvement de l'objet qui présente sa surface au contact de l'air : cette opinion est du reste appuyée sur des faits expérimentés, qui nous portent à présenter ce résultat comme certain, et nous allons citer les expériences.

INFLUENCE DES VENTS SUR LA RÉSISTANCE.

Selon d'Aubuisson, l'effort que les vents de diverses sortes exercent sur une plaque de 1 mètre carré, perpendiculaire à la direction du mouvement s'établit ainsi :

DÉNOMINATION DES VENTS.	VITESSE		EFFORT
	par 1"	par heure	sur 1 millim.
	mèts.	kilm.	kilog.
Vent à peine sensible........	1	4	0, 14
Brise légère..................	2	7	0, 54
Vent frais....................	4	14	2, 17
Vent bon frais...............	6	22	4, 87
Forte brise	8	29	8, 67
Très-forte brise..............	10	36	13, 54
Vent impétueux...............	15	54	30, 47
Tempête	20	72	54, 16

Ainsi, comme on peut le voir par ce tableau, la vitesse et la résistance s'accroissent selon la force des vents. Cet accroissement de résistance selon la rapidité de la marche recevra une grande application dans notre système de direction des aérostats, puisque les surfaces seront précisément adaptées pour résister à toutes sortes de vents.

Nous allons voir tout à l'heure par des expériences plus vulgaires que celles rapportées, si la résistance ne s'augmente pas aussi proportionnellement à la vitesse, sans que la surface soit changée, modifiée dans son étendue.

PRINCIPE

De la résistance sur des corps ou des surfaces qui présentent au choc, un angle ou une surface convexe.

En principe, comme nous l'avons dit, la résistance des surfaces *concaves* est plus forte que celle des surfaces *planes*. Quand l'une et l'autre ont un rebord, la résistance est aussi proportionnelle à l'étendue et à la forme de la surface de ce rebord, comme à la profondeur de l'angle plus ou moins ouvert formé par ce rebord ou la surface.

Les surfaces planes offrent plus de résistance qu'un corps présentant le sommet d'un angle exposé le premier au contact de l'air, dans ce cas la résistance est plus faible que sur les autres surfaces dont nous venons de parler.

Borda et Hutton, qui ont recherché la résistance de ces dernières surfaces, se sont servi pour les expériences, de prismes triangulaires ayant deux faces latérales égales; de cônes, de demi cylindres et de demi sphères.

Ils ont d'abord présenté au choc les *faces planes* de chacun de ces corps, et leur résistance a été prise comme unité.

Ils ont ensuite présenté *l'angle plan* pour les prismes, le *sommet* pour les cônes, et la partie *convexe* pour les demi cylindres et les demi sphères.

Les résistances que ces surfaces ont éprouvées, comparativement aux surfaces planes, sont résumées dans le tableau suivant extrait de d'Aubuisson,

NOMS.	DÉSIGNATION DES CORPS.	RÉSULTAT de l'expérience kilo.	
Borda.	Prisme à angle plan de 90°...	0	728
id.	Prisme à angle plan de 60°...	0	520
id.	Cône, angle au sommet de 90°	0	691
id.	Cône id. de 60°	0	543
Hutton.	Cône id. de 51° 22'	0	433
Borda.	Demi cylindre..................	0	570
id.	1/2 sphère ou sphère entière.	0	410
Hutton.	Demi sphère...................	0	413

Ainsi, très-évidemment, de toutes les surfaces, ce sont les sphériques qui opposent le moins de résistance à l'air : ce sont les surfaces planes des prismes qui en offrent le plus. Nous verrons si en employant le prisme réduit à deux côtés et présentant deux surfaces à l'air, on ne devra pas obtenir une plus grande résistance encore, puisque le prisme présentera ainsi une concavité angulaire; et plus encore, lorsque l'on adaptera des rebords plus ou moins recourbés.

De toutes ces données scientifiques, il résulte pour moi, comme principe :

1° Que selon la nature et l'étendue des surfaces opposées à l'air et à une force ascensionnelle, qui représente celle de la propulsion du vent qui viendrait de la terre elle-même; ou à une force centripète, la résistance varie eu égard à la forme du corps, à l'étendue de sa surface, comme à sa nature, ainsi qu'à la vitesse qui lui est imprimée ou celle provenant du vent;

2° Que par rapport à la direction des ballons, une surface prismatique, formant un angle dont le sommet serait attaché au côté latéral d'un ballon d'une forme déterminée et dont la base serait ouverte, formant une surface concave triangulaire, doit produire une résistance que l'on peut calculer eu égard à l'étendue et à la profondeur de cette surface triangulaire, en prenant pour base de résistance celle de 1 kilo par mètre de surface, quoiqu'évidemment on doive la porter à plus encore, puisque les surfaces concaves résistent plus que les planes;

3° Que cette même surface prismatique, superposée au même ballon à forme déterminée, doit également produire une résistance de même nature, parce que l'air ambiant autour de l'aérostat étant nécessairement de même densité, la résistance soit latérale, soit supérieure, doit être la même, si toutefois la propulsion latérale du vent est en état d'équipollence avec la force ascensionnelle.

D'où la base fondamentale de la forme du ballon devant servir aux expériences de la direction ; d'où aussi, la nature, l'espèce spéciale de surface à op- poser soit à la force centrifuge, soit à celle propulsive latérale du vent.

AUTRES EXEMPLES VULGAIRES DE RÉSISTANCE.

J'ai déjà cité le parachute et sa théorie.

J'ai dit aussi que la surface concave offrait plus de résistance que celle qui est plane.

Plus on creusera cette concavité, jusqu'à la proportion indiquée plus haut, plus on obtiendra de résistance, parce que l'on aura plus de surface utile. Cependant, quant à ce point, on conçoit que si l'on cherchait une résistance proportionnée à la surface d'un cône creux ayant à sa base d'ouverture 0 m. 20 c., je suppose, le principe ne serait plus le même, parce que la hauteur du cône étant de 0 m. 40 c., je suppose encore, la surface interne ne serait pas en même temps envahie par le contact de l'air dans toutes les parties de l'intérieur, l'air étant violemment refoulé à l'ouverture même du cône par celui intérieur qui tendrait à s'échapper par l'orifice. Aussi l'expérience a-t-elle appris que la flèche d'une concavité doit être du tiers de la surface du corps destiné à fournir la résistance. Il est évident, en effet, que si une voile de 20 mètres d'étendue en hauteur, sur 10 mètres de large, présente une courbure telle que les deux extrémités soient rapprochées à la distance de 5 mètres, je suppose, la surface exposée au vent sera beaucoup moins considérable que si la flèche de la courbure n'est que de 3 mètres 33 c., ce qui donnera 17 mètres d'ouverture.

Mais poursuivons :

Prenez sur la main une feuille de papier ordinaire, de 0 m. 30 c. carré ; élevez la insensiblement ; les bords de la feuille ne s'infléchiront pas.

Augmentez la vitesse ascensionnelle : arrivez au maximum que vous pourrez imprimer au mouvement, les bords s'infléchiront d'une manière trèssensible, à ce point que la main sera comme enveloppée dans le papier.

La résistance a donc augmenté en proportion de la vitesse, quoique cependant l'on n'ait déplacé que la même quantité d'air et que la surface soit la même.

Marchez bien lentement, par un temps calme, vous ne sentirez pas autour de la figure ce léger frôlement qui fait quelquefois tant de plaisir.

Augmentez progressivement la vitesse de la marche ; portez la jusqu'au maximum d'une course la plus rapide possible, à cheval surtout, la résistance que l'air offrira sera telle que l'on dirait un vent violent qui souffle sur toutes les parties du corps.

Cependant on n'a déplacé que la même colonne d'air ; la surface est la même ; la résistance à donc augmenté proportionnellement au carré de la vitesse.

Faites l'expérience dans un appartement bien clos, le résultat sera le même.

Prenez en main un cadre de bois sur lequel sera tendu et collé un papier soie très-mince de 0 m. 30 c. de côté.

En l'élevant très-doucement, la résistance se fait à peine sentir ; on ne la sent pas.

Que la progression augmente, jusqu'à la plus grande rapidité possible par le seul mouvement de l'homme, la résistance sera telle que le papier sera déchiré.

Cependant c'est toujours le même papier ; la même surface opposée à l'air ; c'est toujours la même colonne d'air déplacée.

Je citais tout à l'heure des expériences faites avec des prismes dont un côté est exposé au contact de l'air et sert de base à sa résistance.

Mais au lieu de trois surfaces planes, supposez que l'un des côtés est ouvert par celui opposé au sommet par lequel vous le tenez. Ce prisme a une longueur de 2 m. ; chaque côté 0 m. 50 c. L'ouverture sera donc pareillement de 0 m. 50 c. Qu'il soit construit au moyen de tringles en fil d'archal, sur lesquelles on aura tendu une surface en papier ou en toile légère ; que des fils retiennent les bords l'un à l'autre pour les maintenir dans toute la longueur de ce prisme à 0 m. 50 de distance afin d'éviter l'écartement.

5.

Marchez doucement en opposant perpendiculairement à l'air le côté ouvert et en tenant le prisme horizontalement dans le sens de sa plus grande longueur. La résistance éprouvée est à peine sensible, ou pour mieux dire on n'en sent aucune.

Augmentez progressivement, jusqu'à la plus grande rapidité possible, la résistance se fera vivement sentir; mais, de plus, on remarquera ce fait très-important, à savoir que la résistance éprouvée, tend très-sensiblement à faire dévier latéralement le prisme ainsi porté.

Que l'on ne dise pas que cela provient d'une disposition de celui qui le tient ainsi; que sans s'en apercevoir, il lui imprime un mouvement latéral qui le fait dévier de la ligne droite qu'il aurait parcouru; cela serait une erreur.

Suspendez ce même prisme à une corde de 10 m. de longueur; attachez au prisme un poids de 5 kil.; faites décrire un quart de cercle à cet appareil de manière à ce que le sommet soit placé horizontalement au point où est attaché la corde : le rayon sera de 10 mètres.

Lâchez l'appareil; il n'aura pas parcouru 1 mètre que sa tendance très-visible, très-sensible, sera de dévier d'un côté ou de l'autre. La volonté de l'homme n'y est pour rien.

Imprimez une chute rapide, vous verrez la direction latérale suivre la même progression. Variez le poids, vous verrez varier le résultat oblique.

Cependant c'est encore et toujours la même masse d'air déplacée; la même surface; et, la résistance s'est augmentée proportionnellement à la vitesse.

Mais il se produit un effet extrêmement grave et important, c'est la *direction latérale du prisme, du côté où il n'y a pas de résistance ou le moins de résistance.* Ce fait, fort simple en apparence, est cependant une des causes de l'emploi des surfaces prismatiques opposées à la force centrifuge ou propulsive du vent, *pour faire marcher le ballon, sans avoir besoin de mécanisme.*

Donc, *de la forme des surfaces dépend la nature et la force des résistances*, comme celles-ci s'augmentent proportionnellement au carré de la vitesse.

Prenez un bâton plus ou moins long; faites le mouvoir dans l'air avec lenteur, vous ne sentez pas de résistance : augmentez la rapidité du mouvement, c'est toujours le même résultat que ci-dessus.

Plongez le dans l'eau, *plus la rapidité augmentera et plus la tendance à la déviation latérale augmentera aussi pour aller hors de la ligne droite que vous voudrez lui faire suivre, et qu'il suivrait si le mouvement était très-lent.* Partout, le même principe produit le même effet.

Soit encore un parachute *non percé* au sommet par un trou d'une dimension donnée qui puisse laisser échapper l'air refoulé par sa surface intérieure : Il descendra en faisant de fréquentes oscillations, d'autant plus fortes que la densité de l'air et la rapidité du mouvement augmenteront, parce que la résistance augmente aussi dans la même proportion, selon le principe que nous avons posé ci-dessus.

Ces oscillations ne sont rien autre chose que cette tendance de la surface intérieure à suivre une ligne oblique; parce qu'elle ne peut en suivre une perpendiculaire, *en raison de ce que toutes les surfaces que l'on oppose à l'air tendent à prendre la direction où la résistance se fait le moins sentir.* L'on voit, en effet, le parachute *non percé*, osciller tantôt d'un côté, tantôt d'un autre.

Elles viennent aussi de ce que l'air étant comprimé par l'effet de la force centripète et la chute du poids que supporte le parachute, elles augmentent avec une progression croissante de mouvements oscillatoires, basées sur la progression de la densité et de la pression de l'air sur la surface interne; parce que celui-ci ne trouvant d'issue que par les bords intérieurs, imprime par cela seul ce mouvement d'oscillation dont je viens de donner la cause. C'est un *pot cône* qui se vide d'air en se renversant en partie, et qui tend à chaque oscillation à reprendre son équilibre et sa position perpendiculaire : L'air ne pouvant toujours se vider du même côté, la force du poids qui pèse sur tous en même temps, tend à rétablir la perpendicularité de ce parachute.

Cet effet des oscillations réitérées s'est produit le 1ᵉʳ Brumaire an VI (22 Octobre 1797), dans la première expérience de parachute qui ait été faite par Garnerin dans le parc de Monceau. C'est l'astronome Lalande qui rend compte de cette expérience.

Que l'on me permette de rapporter ce passage, qui donne en même temps l'historique de la découverte ou invention du parachute, que nous faisons précéder d'une notice biographique.

« Jacques Garnerin, envoyé en 1793 par le gou-
» vernement comme commissaire spécial à l'armée
» du Nord avait été fait prisonnier dans un combat
» d'avant-postes, à Marchiennes. Considéré comme
« prisonnier d'état et détenu pendant longtemps
» dans la forteresse de Bude, en Hongrie, il n'avait
» point cessé de s'occuper d'aérostation. L'amour
» de la liberté, dit-il, dans le programme de sa
» première descente en parachute, si naturel à un
» prisonnier, m'inspira plus d'une fois le désir de
» m'affranchir de ma rigoureuse détention. Sur-
» prendre la vigilance de mes sentinelles; briser
» d'énormes grilles de fer; percer des murs de dix
» pieds d'épaisseur; se précipiter du haut en bas
» du rempart, sans se fracasser, sont des projets
» qui me servirent quelque temps de récréation.
» L'idée de Blanchard, de *présenter de grandes*
» *surfaces à l'air pour neutraliser, par la résis-*
» *sistance, l'accélération du mouvement dans la*

chute des corps, me parut n'avoir besoin que d'une bonne théorie pour être employé avec succès. Je me suis appliqué à en poser les bases. Après avoir déterminé les dimensions d'un parachute, pour se précipiter du haut d'un rempart ou d'une montagne très-escarpée, je m'élevai, par une progression naturelle, jusqu'aux proportions que devait avoir un parachute destiné à un voyageur aérien dont le ballon ferait explosion à trois ou quatre mille toises. »

Maintenant voici l'expérience qui se fait; c'est, comme je viens de le dire, l'astronôme Lalande qui rend compte.

« Le 1ᵉʳ Brumaire an VI (22 Octobre 1797), à cinq heures vingt-huit minutes du soir, le citoyen Garnerin s'éleva à ballon perdu au parc de Monceau : un morne silence régnait dans l'assemblée : l'intérêt et l'inquiétude étaient peints sur les visages. Lorsqu'il eut dépassé la hauteur de 500 toises, il coupa la corde qui joignait son parachute et son char à l'aérostat : ce dernier fit explosion et le parachute sous lequel le citoyen Garnerin était placé descendit très-rapidement. Il prit un mouvement d'oscillation si effrayant qu'un cri d'épouvante échappa aux spectateurs et des femmes sensibles se trouvèrent mal. Cependant, le citoyen Garnerin descendit dans la plaine de Monceau, au milieu d'une foule immense qui marquait son admiration pour le talent et le courage de ce jeune aéronaute. En effet, le citoyen Garnerin, est le premier qui ait osé entreprendre cette expérience hazardeuse. Il en avait conçu le projet dans les prisons de Bude, en Hongrie, où il fut longtemps prisonnier d'état à la suite du sanglant combat de Marchiennes, en 1793. J'allai annoncer ce succès à l'Institut national qui était assemblé et l'on m'entendit avec un extrême intérêt. »

Maintenant, percez ce même parachute par un trou de 0 m. 10 c. de diamètre, ainsi que l'ont fait depuis tous ceux qui s'élèvent et s'en servent, l'air refoulé trouvant une issue, le parachute descendra tranquillement, presque perpendiculairement si l'air est calme, parce que la tendance centripète est en effet de descendre ainsi.

Mais la tendance du prisme, dont je parlais tout à l'heure, ouvert par ses deux extrémités ou par une seule, n'est pas de s'avancer perpendiculairement au point horizontal du rayon auquel il est suspendu. Sa tendance naturelle, à raison de la résistance de sa surface sur l'air, *est de l'éviter*, par suite du refoulement de l'air, qu'il ne peut repousser en masse perpendiculairement à la marche dans la ligne courbe qu'il devait suivre.

Aussi, il glisse sur la résistance et il suit une ligne oblique latérale, comme fait le vaisseau sur la mer par un vent largue. Cette marche est un mouvement oscillatoire *commencé*, mais *continué* d'un point vers un autre.

Il me paraît infaillible que ce prisme, s'il est garni d'un rebord plus ou moins saillant à l'une de ses extrémités, glissera du côté de ce rebord, l'autre extrémité ne présentant pas autant de résistance.

Les surfaces opposées à l'air, ont donc, *selon leur position et l'emploi qu'on en fait, selon leur forme*, la propriété de la résistance à l'air, soit à une force ascensionnelle, soit à une force latérale propulsive, comme à une force centripète; parce que le principe reste toujours le même, celui de la résistance de l'air aux surfaces de quelque nature qu'elles soient; sauf cependant l'intensité de ces résistances selon l'étendue et la forme des surfaces, la densité de l'air et la rapidité du mouvement; tout cela devant se combiner pour produire un effet plus ou moins complet.

Les expériences dont je viens de parler ont été faites des milliers de fois par jour, sans que ceux qui les font ou les ont faites, aient cherché à en tirer parti; faire aucune observation utile, peut-être même sans en faire la remarque, sans y penser, sans examiner la portée et les conséquences qu'elles peuvent avoir dans leur application.

Conséquence et résultat capital qui découlent de la force centrifuge.

Si certaines surfaces opposées à l'air offrent de la résistance en proportion de leur étendue et de leur forme; si la résistance empêche que la surface qui l'occasionne lorsqu'elle est en contact avec l'air d'une manière plus ou moins active, ne puisse marcher perpendiculairement à la direction d'où vient la force ou propulsion quelconque qui occasionne le mouvement; si, par suite, le corps auquel est adapté la surface tend à suivre une ligne oblique, j'aurai donc raison de prétendre de nouveau, ce qui n'a pas été vu jusqu'à ce jour en cette matière de la mise en mouvement et de la direction des aérostats ; ce qui n'a pas été dit, c'est que :

Une surface étant donnée, opposée à une force centrifuge, ascensionnelle de sa nature, il en résulte :

1° Une résistance plus ou moins grande selon son étendue et sa forme, qui force le corps à dévier de la ligne droite et à marcher obliquement ;

2° Que les ballons se trouvent avoir dans la force centrifuge qu'ils renferment constamment en eux (force provenant de la pesanteur spécifique du gaz hydrogène qui est à celle de l'air comme 65 est à 100°), *équilibrée en partie par un poids ou la résistance de surface qu'on lui oppose, un moyen naturel et principal de leur locomotion ;*

3° Que cette locomotion est proportionnée à la force centrifuge non équilibrée, ce qui répond exactement à cette autre formule, que la vitesse de la marche du ballon est proportionnée à la force d'un vent qui seul devrait le faire mouvoir.

En effet, le ballon rempli de gaz hydrogène, pourvu de tous côtés de surfaces triangulaires prismatiques, cesse complètement d'être un corps inerte comme cette boule de bois qui flotte sur l'eau, qui n'a aucune force en soi pour agir et se mouvoir, dont la forme sphérique est précisément celle qui offre le moins de résistance ; il est au contraire une machine pleine de vie, de force et de moyens de lutter contre les obstacles, ainsi qu'il est démontré par le résultat des expériences ci-dessus rapportées. C'est un véritable instrument de navigation approprié au milieu dans lequel il doit se mouvoir, dont le perfectionnement deviendra entre les mains de l'homme, un des moyens les plus sûrs, les plus commode, les plus agréable, pour aller partout où il voudra ; et, porter au plus haut période ses connaissances dans l'étude de l'atmosphère, qui n'a été et pu être qu'effleurée jusqu'à ce jour ; comme aussi l'exploration de l'univers.

Comme sur l'eau, les corps n'auront plus de poids ; il n'y a pas de force centripète invincible ; il n'y a plus de distance pour l'homme ; son imagination qui lui fait rêver mille découvertes dans des régions inconnues, il pourra les réaliser par l'exploration ; il n'y a plus de mers bordées d'écueils sauvages ; les pôles et leurs glaces éternelles, ne sont plus inaccessibles ; les déserts brûlants du Sahara et tant d'autres, seront traversés sans craindre la chaleur ; ceux de la Sibérie, sans avoir plus froid ; l'Hymalaya et les Cordilières, leurs torrents, leurs précipices n'existent plus, l'homme les franchira et sautera par dessus pour ainsi dire ; les vastes Océans aux bords si éloignés ; les fleuves les plus larges, l'Amazone, ne sont plus qu'un jeu pour lui, parce que placé dans l'air à une hauteur où il trouve le

calme et une température égale, tous les obstacles, de quelque nature qu'ils soient, disparaissent devant cet être qui planera au-dessus d'eux. Il n'y a rien d'insurmontable au milieu et à l'aide d'un élément comme l'air, dans lequel aucune machine, bien construite, ne peut se briser par un contact quelconque, même le plus imprévu.

On est d'accord sur ce point grave et important, c'est que les vents les plus violents ne font point éprouver de fortes oscillations aux aérostats (je parle ici de ceux à forme sphérique ordinaire, puisque l'on n'a employé que ceux-là jusqu'à ce jour), mais qu'ils les poussent dans la direction qu'ils suivent eux-mêmes.

La raison, c'est que dans la partie de l'atmosphère dans laquelle existe ce mouvement très-accéléré, il n'y a pas un point d'appui matériel sur lequel le ballon s'appuie, comme le vaisseau sur la mer agitée qui le secoue violemment. Ces secousses sont inévitables sur mer, parce que d'une part le vent qui pousse le navire dans un sens ou dans un autre, constitue une force qui tend à vaincre la résistance que lui offre la masse du navire porté par l'eau, et que ces efforts ont et doivent avoir pour résultat celui de vaincre et surmonter la résistance violente provenant du volume d'eau à déplacer, dans un moment où l'agitation de la mer offre déjà à la tranquillité du navire, un obstacle qu'il est impuissant à dominer, pas plus qu'à marcher d'une manière régulière ; voilà pourquoi le navire *roule et tangue* plus ou moins, selon la disposition des voiles, selon la force du vent, l'agitation de la mer et sa position sur les vagues.

Le vaisseau roule et tangue parce qu'il est livré à deux éléments, l'air et l'eau, qui dans un moment de grande agitation tendent tous les deux, chacun de leur côté, à vaincre l'obstacle que la force de l'un oppose à celle de l'autre.

Mais dans l'air, cela ne peut se produire, parce que d'abord, il n'y a qu'un élément qui n'est pas agité par un autre avec lequel le ballon serait en contact ; et, qu'il n'y a pas perturbation tumultueuse comme sur l'eau, mais mouvement plus accéléré seulement.

Pour établir ce fait d'accélération, de vitesse plus grande, *sans perturbation de flots, de vagues, comme sur la mer,* je dois citer un fait important à l'appui, qui a été confirmé par un très-grand nombre d'aéronautes :

Pilastre de Rozier et Proust font une ascension à Versailles, le 24 juin 1784..... Voici, sur le point dont s'agit ce que dit le premier, qui a écrit la relation de cette expérience :

« ..... A une certaine hauteur, *malgré que les*
» *vents fussent très-considérables, ils emportaient*
» *le ballon, sans lui faire éprouver le plus léger*
» *roulis : nous n'apercevions notre marche que par*

» *la vitesse avec laquelle les villages fuyaient sous*
» *nos pieds : en sorte qu'il semblait, à la tranquillité*
» *avec laquelle nous voguions, que nous étions en-*
» *traînés par le mouvement diurne.* »

La citation que je viens de faire est d'autant plus remarquable, qu'elle établit en outre deux choses, deux faits importants :

1° C'est que même dans la partie de l'atmosphère où la tranquillité de l'air n'est pas la règle, *l'état normal de l'air*, la vitesse du vent ne produit pas d'agitation tumultueuse, comme sur l'eau quand la mer est agitée par un vent plus ou moins violent ;

2° C'est que le ballon *livré à lui-même, ayant une forme sphérique*, suit le vent dans la direction qui lui est imprimée, ce qui confirme l'état dont a parlé Dupuis-Delcour en le comparant a une boule de bois sur l'eau entraînée par un courant ; et que, quelque soit la vitesse de la propulsion, il n'y a pas

roulis, même le plus léger. Nous parlons ici d'un ballon qui serait à une élévation assez considérable, car beaucoup d'expériences et même de toutes récentes établissent que près de la terre le ballon est souvent exposé à de violentes agitations ; au moment de partir ou quand on veut s'arrêter, le danger est souvent là plutôt qu'à 2 ou 3,000 m., car à cette élévation, il n'existe pas. La tranquillité avec laquelle l'aéronaute vogue est tellement parfaite, qu'il n'aperçoit sa marche que par la vitesse avec laquelle les objets fuient sous ses pieds.

C'est bien là, en effet, cette boule de bois, corps inerte, qui n'a aucune force de résistance en soi, qui suit le cours de l'eau, comme le ballon sphérique suit le cours de l'air.

Nous allons voir si lorsque le ballon est muni d'un appareil de résistance, sa marche devra être moins tranquille ; s'il devra éprouver du roulis.

PRÉSOMPTIONS

Résultant de tous les principes et faits qui précèdent.

Si tout cela est vrai, en science et en fait, est-il donc bien certain que les aérostats ne peuvent être dirigés ?

L'espace n'est pas infranchissable, puisqu'on le franchit tous les jours.

La locomotion n'est pas impossible, puisque tous les jours un aérostat se meut dans l'espace : je concède qu'il ne va pas où il veut et où l'on veut : cela est vrai quant à présent.

Le poids de l'air est connu.

Sa densité est connue à différentes hauteurs.

Les lois de résistance sont connues ; et, par conséquent, on sait qu'une surface donnée offre une résistance qui est en proportion de son étendue ; de sa forme ; du mouvement plus ou moins accéléré du corps dont elle fait partie.

Est-il impossible de donner le mouvement à un aérostat dans un sens ou dans un autre, par une force quelconque assez puissante pour l'imprimer, surtout alors que l'on aura trouvé l'équilibre entre la force centrifuge et la force centripète ?

Si l'on a dompté la force centrifuge et celle cen-

tripète, est-il donc impossible de surmonter une autre force que j'appellerai *propulsifuge horizontale*, c'est-à-dire venant de l'un des points de l'horizon et allant à un autre, par l'effet du vent qui suit cette direction.

Est-ce que la surface opposée à la force centrifuge ou centripète, cessera d'avoir de l'effet ou de la puissance, parce qu'une autre surface sera opposée dans le sens horizontal ?

Je ne le pense pas ; et, il me paraît évident que le ballon plongé dans le même milieu, en état d'équilibre entre les forces centrifuge et centripète, trouvera partout dans ce même milieu, les mêmes moyens, les mêmes bases de résistance à la force propulsifuge horizontale.

Ce ne sont pas les moyens mécaniques qui nous manquent : seulement, je crois d'abord qu'on les a mal choisis et surtout mal appliqués : il faut donc savoir les choisir et les appliquer à la machine elle-même qui doit servir aux desseins de l'homme.

Je serai le premier à dire :

Il ne suffit pas que l'aérostat plongé dans l'air s'y

trouve dans un équilibre parfait;

Que par un temps calme, la moindre petite force pourra le faire avancer vers un point de l'horizon vers lequel l'impulsion doit être donnée pour l'y conduire et le diriger.

Ou de dire :

Le vent ayant une vitesse de tant de degrés, j'imprimerai à mes machines, un mouvement dont la vitesse excédant celle du vent de tant de degrés, donc je marcherai même contre le vent.

Un pareil raisonnement serait complétement faux, parce qu'il convient avant tout de faire attention à la masse énorme d'air déplacée par un ballon, qui, le pressant de toute part, s'oppose à sa marche.

Que, d'un autre côté, pour que le mécanisme puisse agir efficacement, il faut qu'il y ait un double équilibre : 1° entre la force centrifuge et celle centripète d'une part; et 2°, de plus, équilibre par la *résistance* à la force *propulsifuge horizontale.*

Mais comme on ne peut éviter la résistance de la masse d'air déplacé, il faut alors deux choses qui n'en font qu'une seule et qui constituent un même principe, qui est celui-ci :

Trouver une forme telle, que la résistance à la force centrifuge, centripète ou propulsifuge horizontale, serve au mouvement; lequel aidé d'une machine, servira à surmonter la résistance opposée par la masse d'air que l'on est obligé de déplacer, afin d'aller d'un point de l'horizon à l'autre, au moyen d'une force mécanique qui n'ait plus à vaincre que cette résistance ou volume d'air à déplacer, si toutefois la construction donnée au ballon, si les surfaces de résistance n'ont pas déjà et bien au-delà trouvé le moyen de la locomotion.

Le problème de la forme de l'aérostat; la solution du mouvement par suite de la forme donnée; la nature du mécanisme, tout accessoire, sont là; sauf encore à trouver le moyen d'avoir moins de résistance possible dans la partie de l'aérostat qui doit marcher en avant; tout en recherchant dans la forme celle qui doit en offrir le plus, en dessus, en dessous et sur les deux côtés.

Il faut donc changer la forme des aérostats : celle actuelle est très-mauvaise; je parle de celle sphérique; il faut en choisir une qui corresponde par les résultats que l'on prévoit, aux principes ci-dessus énoncés relatifs aux lois de la résistance.

La question ainsi posée, il faudra examiner la quantité d'air que déplace un ballon ayant telle ou telle forme, et celle que peuvent déplacer les moyens mécaniques employés pour la combattre et la surmonter; car, il faudra toujours et dans tous les cas, aider à cette force que les ballons portent en eux-mêmes, quand cela ne serait que pour activer la marche, puis établir un rapport entre ces deux forces, pour savoir celle qui devra céder.

Mais malgré tout, quelque soit le moyen de locomotion employé, le mécanisme en lui-même pourra être bon, sans pour cela pourtant réussir hors la combinaison des propositions ci-dessus, qui doivent recevoir solution avant d'arriver à celui propre à la direction qui doit être adapté au ballon lui-même et non à la nacelle, comme on l'a fait jusqu'à ce jour; parce que c'est l'aérostat qui porte la nacelle et doit l'entraîner, la conduire, et non pas celle-ci l'aérostat.

AUTRES PRÉSOMPTIONS

résultant de comparaisons et d'applications.

On peut diriger un vaisseau, parce que des deux forces qui sont nécessaires, l'une pour le porter, que j'appelerai force de résistance, l'autre pour le faire mouvoir, celle-ci provenant de la propulsion du vent ou des machines qui sont les agents moteurs, ceux-ci l'emportent sur la résistance occasionnée par le déplacement de la masse d'eau dont le poids et le volume cèdent la place à ceux du vaisseau.

Ce mouvement, ou plutôt ce déplacement est continuel et ne s'arrête pas, si ce n'est qu'au moment où le vaisseau cesse de marcher.

Il est évident que plus le liquide sur lequel vogue le vaisseau sera dense et plus aussi la résistance sera forte.

Plus il y aura de points de contact avec cette résistance et plus celle-ci augmentera dans la même proportion ; plus aussi il faudra d'efforts pour la surmonter.

La petite barque de pêcheur n'a besoin que d'une voile bien peu large, étendue ; il faut une immense quantité de surface dans la voilure d'un vaisseau de 120 canons pour lui imprimer une marche un peu rapide.

La résistance sera donc en proportion directe :

1° De la densité de l'élément ;

2° De la quantité de surface qui sera en contact avec cet élément.

Par une conséquence fort naturelle et toute simple, plus il y aura de résistance et plus il faudra de force pour la surmonter.

Ainsi, je suppose un instant une mer de boue plus ou moins liquide, il est évident qu'un vaisseau aura peine à se mouvoir, et que le mouvement et sa facilité augmenteront dans l'exacte proportion de l'augmentation de fluidité.

Je suppose un instant que cette mer soit de vif argent, la résistance sera d'une double nature : l'une proportionnée au poids spécifique de chaque partie de cette mer métallique comparé à celui du volume qu'elle devra supporter ; l'autre sera en raison de l'excessive mobilité de ce métal. La résistance deviendra moindre aussi parce que le volume de vif argent déplacé étant plus pesant que le même volume d'eau, la surface du vaisseau qui devra être ainsi en contact étant moins étendue, la résistance en deviendra moindre ; il est vrai que le poids du métal fera naître d'un autre côté un obstacle à un mouvement aussi facile que si le vaisseau était sur l'eau.

Supposons un navire chargé de 100 tonneaux sur une rivière d'eau douce ; celle-ci étant moins pesante que l'eau de mer, le navire s'enfonce dans une proportion équipollente à la différence de poids entre les deux liquides ; et, par conséquent, la surface en contact avec le liquide d'eau douce étant plus considérable, la résistance s'augmente aussi dans la même proportion ; la marche sera moins rapide.

Sur la mer, la résistance étant moins grande en raison de ce qu'il y a moins de parties de la surface en contact avec l'eau, la marche sera plus rapide, si toutefois la plus grande pesanteur de l'eau salée n'offre pas une différence de résistance qui sera dans l'exacte proportion de la différence de poids qui existe entre l'eau douce et l'eau de mer.

Supposons maintenant un fluide comme l'air, le principe sera toujours le même ; et, la résistance quant au mouvement, se combinera toujours avec l'étendue de la surface opposée à l'air ; la densité même du fluide selon les points d'élévation dans l'atmosphère.

Ainsi donc, en résultat, les résistances varient tout à la fois selon la densité de l'élément dans lequel le vaisseau ou l'aérostat sont plongés ; et selon aussi l'aire et la force du vent.

Cela va devenir évident par la citation de plusieurs faits.

Un navire marchant *vent arrière, ne tend à déplacer que la masse d'eau qui est à son avant*, et encore ce déplacement ne se fait que progressivement, au fur et mesure que le navire marche et s'avance, sous l'influence de la *propulsion arrière* qu'il éprouve. Si le déplacement total d'un volume d'eau égal au volume de la partie immergée se fait, ce n'est qu'au moment même où le vaisseau a traversé sur l'eau un espace égal en longueur à celle qu'il a lui-même.

La résistance de la surface, dans ce cas, n'est donc égale qu'à celle du navire lui-même *à son avant ;* plus, le frottement sur les côtés.

Si le navire marche par un *vent largue, à bâbord,* je suppose, il *tend à déplacer* la masse d'eau qui, depuis son avant jusqu'à son arrière, borde son flanc de *tribord.* Comme cette masse d'eau ne peut se déplacer tout d'un bloc et que cependant la force propulsive du vent tend à faire mouvoir le navire, il faut, de toute nécessité, que ce dernier se meuve dans un sens ou dans un autre ; mais aussi, comme la résistance opposée par la masse de liquide qui est *à tribord* est beaucoup plus considérable que celle qui est à l'*avant,* il arrive alors que le navire trouvant moins de résistance dans cette partie, marche en avant par l'effet du vent à bâbord qui le pousse sur son côté tribord.

Ainsi donc, quand on est sur mer avec un vent largue, soit à bâbord, soit à tribord, la résistance que le navire éprouve du côté opposé au vent par le poids du volume d'eau à déplacer tout d'un bloc, fait qu'au lieu de pouvoir refouler toute la masse d'eau qui presse son bordage, équivalente tout au moins au poids du volume immergé et même le dépassant infiniment, au lieu de suivre ainsi la direction même du vent, comme lorsqu'il souffle en arrière, *le navire glisse sur cette résistance latérale et s'avance alors dans la direction que le navigateur veut suivre, et peut suivre au moyen du gouvernail*, avec une rapidité qui varie selon la force de propulsion et selon l'état de la mer.

Dans la navigation à la *vapeur*, la résistance de

l'eau est toujours la même, parce que le vent n'étant qu'un agent secondaire et accidentel, on peut mettre le cap sur le lieu même où l'on veut arriver : on va donc *directement* où l'on veut et comme l'on veut, sans courrir de bordées : cependant, je dois ajouter ici que je suppose un temps calme ; car, pour la navigation à la vapeur, il est bien reconnu et bien constaté, que le calme est le moment le plus propice pour ce genre de navigation.

Dans le cas du *vent largue*, la puissance qui sert à la locomotion est de telle nature, que la force opposée constituant la résistance latérale (celle du volume d'eau à déplacer), n'est pas détruite, surmontée ; elle est évitée, car elle subsiste toujours pendant la marche ; elle sert de point d'appui latéral pour résister à la propulsion du vent ; et,

comme la résistance qu'elle offre sur le côté est plus forte que le vent ; celle-ci, *tout en agissant sans cesse*, ne surmonte pas la résistance latérale, mais celle d'*avant* qui est plus faible comme je viens de le dire ; d'où suit que la résistance plus forte sur l'un des côtés, sert à la marche et à la direction du navire sur le point où cette résistance est moins forte.

Telle est l'idée générale de la navigation : je l'ai observée, bien imparfaitement sans doute, mais avec le plus grand et le plus vif intérêt pendant plusieurs traversées sur la Méditérannée.

Nous allons voir, dans la troisième partie, si la navigation aérienne ne doit pas être envisagée absolument au même point de vue, quant aux effets des résistances d'avant et latérales.

TROISIÈME PARTIE.

NAVIGATION ET MOUVEMENT DANS L'AIR

Avec un ballon à forme ordinaire.

Un ballon avec les formes ordinaires, obéit à deux forces, à deux puissances :

1° Celle ascensionnelle ou centrifuge, dont j'ai dit la cause plus haut ;

2° Celle du vent qui le pousse dans la direction qu'il suit lui-même et que j'ai appelée *propulsifuge horizontale*.

Ces deux faits se produisent simultanément : on voit les ballons s'élever dans l'air, mais en suivant une *parabole ascensionnelle*.

Dans cet état, ils n'ont aucune force de résistance, ni contre la force ascensionnelle centrifuge ; ni contre celle du vent, propulsifuge horizontale.

Cependant, ces deux forces ou puissances, sont loin d'être insurmontables.

La force ascensionnelle centrifuge peut être facilement dépassée par un poids plus considérable que cette force ;

En effet :

Je suppose que la capacité du ballon soit telle que la force ascensionnelle soit égale à 1,000 kilos.

Si le poids opposé à cette force est de 1,010 kilos, le ballon ne peut s'élever ; il est retenu par une force supérieure centripète qui dépasse celle centrifuge ; le voilà donc sombré en quelque sorte, comme lors que l'on surcharge un vaisseau.

Mais si la force centripète est réduite à 950 kilos, il reste 50 kilos de force ascensionnelle centrifuge, libre, *non neutralisée, non équilibrée*.

Dans cet état, le ballon conservant cette force ascensionnelle, peut s'élever dans l'air emportant avec lui 950 kilos de force *centripète* qui est équilibrée par la force *ascensionnelle* de 950 kilos.

Mais, si j'oppose à cette force ascensionnelle de 50 kilos, non neutralisée, non équilibrée, un principe de résistance consistant en une surface qui aura, je suppose, 50 mètres de superficie, soit celle de 1 kilo par chaque mètre de superficie, la force ascensionnelle centrifuge de 50 kilos, *n'est pas pour cela anéantie de manière à l'empêcher d'agir comme en cas de surcharge*, elle est seulement *équipollée, mise en équilibre avec la force de résistance*. Il ne s'en suit pas pour cela non plus que *l'état stationnaire doive nécessairement en résulter, et que l'im-*

mobilité soit la conséquence physique de ces deux forces ainsi *équipollées*, comme lorsque le ballon est retenu par un poids de 1,050 kilos, qui *anéantit tout mouvement, quoique la tendance centrifuge ne cesse d'exister dans l'aérostat.*

Non, cela serait complètement inexact.

Car alors il y a cette immense différence c'est que les deux forces, celle ascensionnelle surtout, *n'étant pas annihilée pour cela, le mouvement se produit, comme pour le vaisseau sur mer, du côté où l'aérostat trouve le moins de résistance;* résultat bien différent du cas où la force centripète dépasse de 10 ou 50 kilos *celle centrifuge qui est complètement annihilée quant à la possibilité de mouvement, de locomotion.*

Il est à remarquer encore ce grand fait : c'est que dans *tous les cas la force centrifuge ne cesse pas d'avoir vie;* seulement, dans l'un *elle peut produire de l'effet, et dans l'autre elle ne le peut plus.*

En effet, il arrivera et il doit arriver (selon la forme donnée à la surface opposée à l'air), que le ballon ne pouvant déplacer *perpendiculairement* et tout d'un bloc, la colonne d'air opposée à cette surface, glissera dans l'atmosphère, de la même manière que le vaisseau glisse dans l'eau par un vent largue; parce que, lui aussi, ne peut vaincre cette résistance occasionnée par le volume d'eau qui soutient et presse le flanc opposé au côté d'où vient le vent; de la même manière que le prisme dont je parlais tout à l'heure, tend à glisser latéralement lorsque l'on marche avec rapidité contre la colonne d'air horizontale qui lui est opposée; ou, lorsque suspendu à un rayon de 10 mètres, il est abandonné à une course suivant une courbe.

Plus la force ascensionnelle sera grande, plus la résistance le deviendra, puisque celle-ci s'accroit en proportion de la vitesse, comme nous l'avons prouvé par les expériences citées; mais aussi, plus je devrai théoriquement apporter de résistance proportionnelle pour l'*équipoller* par une surface déterminée, mais non l'annihiler par un poids la dépassant.

Alors, dans ce cas encore, ce ne sera plus pour rester *stationnaire, mais pour obtenir une locomotion par l'effet de la puissance ascensionnelle,* en vertu de ce principe, de cette base que j'ai mentionnée plus haut; à laquelle on n'a pas fait attention jusqu'à ce jour, à savoir :

Que les ballons remplis de gaz hydrogène, ONT EN EUX-MÊMES, PORTENT AVEC EUX, *l'agent certain, le moyen naturel de locomotion, indépendant de tout mécanisme; moyen dont on n'a pas connu la puissance jusqu'à ce jour, ou du moins dont on n'a pas cherché à tirer parti,* parce que l'on est toujours resté attaché aux vieilles formules.

Cela me parait être un fait capital, devant servir de base et de point de départ à la navigation aérienne. En usant de ce moyen, la locomotion et sa rapidité, *dans ce milieu atmosphérique où l'on trouve le calme, sera en proportion des moyens et de la puissance de la force ascensionnelle, ce qui n'exclut pas le moyen mécanique pour en obtenir une plus rapide encore.*

Le vaisseau sur mer marche aussi plus rapidement dans la même proportion et selon la force du vent; selon aussi que la résistance est plus ou moins forte.

L'expérience seule pourra, par la suite, faire connaître si comme pour l'augmentation de volume d'un aérostat, qui donne *la stabilité, l'assiette,* à cause précisément de l'augmentation de ce volume, on n'aura pas quelque chose de pareil en ce qui concerne les surfaces opposées aux forces ascensionnelles.

L'expérience et l'avenir sont seuls maîtres de cette question.

DU GOUVERNAIL.

J'ai entendu dire ceci :

On ne peut employer un gouvernail pour diriger un aérostat.

Il en est de cette objection, comme de beaucoup d'autres qui sont faites ou proposées sans un examen sérieux.

Pourquoi cela serait-il ?

Le gouvernail sert à diriger, ou du moins, est le moyen dont on se sert pour diriger un vaisseau, lorsque l'on veut aller d'un point à un autre; le faire mouvoir sur tribord ou sur babord.

La théorie de cet instrument est extrêmement

simple. Elle consiste purement dans l'emploi d'une surface opposée au contact de l'eau dont la résistance fait dévier le navire d'un côté ou d'un autre selon le besoin.

La résistance qui est offerte par l'une des surfaces du gouvernail, à bâbord ou tribord, fait que l'avant va toujours dans la direction même, ou plutôt du côté où la surface est opposée à l'eau. Ce mouvement est occasionné par le refoulement de la masse d'eau qui se trouve en contact avec la surface du gouvernail qui lui est opposée, et, qui ne se déplaçant pas assez rapidement, fait prendre au vaisseau une ligne oblique à tribord ou à bâbord, selon que la surface est elle-même à bâbord ou à tribord.

Si cela existe pour un élément comme l'eau, mobile de sa nature, infiniment plus dense que l'air, sans aucun doute, mais qui lui aussi offre une résistance proportionnée à sa densité, pourquoi n'en serait-il pas de même pour un gouvernail adapté à un aérostat?

Les principes de la résistance des surfaces opposées à l'air ou à l'eau reposent sur les mêmes bases. L'effet de la résistance de l'eau est *équipollente à la densité de ce fluide*; et, comme le ballon se meut dans une masse aériforme dont la densité est adéquate à celle dans laquelle agit le gouvernail, l'effet est le même en se servant du gouvernail dans l'air comme il l'est sur l'eau.

Ceci n'est plus une simple théorie: des expériences très-nombreuses et très-fréquentes établissent la certitude de cette donnée. Je parlerai tout à l'heure, sous ce rapport, d'une expérience que j'ai vue à Paris, le 20 mars 1860, dans le palais de l'Industrie. je veux parler du poisson volant de M. Camille Vert.

⚜⚜⚜⚜⚜

EFFET

De la force ascensionnelle opposée à une surface quant au point d'appui dans l'air.

L'effet de la force ascensionnelle est, de la manière la plus exacte et la plus absolue, l'équivalent de l'effet d'un vent qui soufflerait constamment par en bas et dans une direction perpendiculaire ascendante.

Il importe peu au fond qu'un aérostat soit mis en mouvement par cette force ascensionnelle ou par le vent, pourvu qu'il se meuve et qu'il glisse dans l'atmosphère.

En parlant ainsi, je ne veux pas prétendre que le vent qui est variable de sa nature, plus ou moins fort, irrégulier en un mot, soit un moyen de locomotion préférable, égal même à la force centrifuge. Non, sans doute; je veux dire par là seulement qu'un vent étant donné d'une force égale à celle centrifuge, en admettant qu'il soit continu, régulier, produirait le même effet que cette dernière; ou celle-ci, que le vent.

Que le ballon soit poussé par cette force *propulsifuge horizontale* dont j'ai parlé, le résultat naturel sera le mouvement. Le ballon ira droit à son but si celui-ci est dans la direction du vent; sinon il courra des bordées; mais il glissera latéralement dans et sur l'air, comme le vaisseau fait sur la mer. Le vent vient en aide au ballon, car je ne puis trop le répéter, celui-ci porte en lui-même le grand élément, le principal moyen pour obtenir ce mouvement.

Le vent et les moyens mécaniques sont loin d'être à dédaigner; mais, à la rigueur, on peut se passer d'eux, puisqu'à l'aide du gouvernail on peut donner la *direction*. Aussi, selon moi, il serait désirable que le ballon fut toujours dans un milieu excessivement calme; la force centrifuge ascensionnelle aurait alors une action plus régulière, comme la vapeur pendant le calme pour un vaisseau.

En ne s'opposant pas à la *force ascensionnelle par la résistance d'une surface, on perd tous les avantages qu'elle peut donner. Si l'on sait l'employer, elle* devient utile pour s'avancer ; on se dispense ainsi de mettre autant de lest, ce qui donne le moyen de porter plus de poids utile.

Qu'est-ce qu'un parachute ? Une surface concave, d'une grandeur déterminée selon le besoin, qui offre une résistance proportionnée au but que l'on se se propose. Retournez le, augmentez la surface, vous aurez le même effet.

Une *surface supérieure,* opposée à la force ascensionnelle, peut l'équivaloir, même la dépasser sans inconvénient, parce que le ballon glissera toujours dans l'air comme le vaisseau glisse dans l'eau, plus ou moins rapidement, selon la force du vent. Seulement plus la résistance *d'avant* sera grande, moins la vitesse le sera.

Une forme donnée ainsi *aux accessoires du ballon,* produit le point d'appui dans l'air, c'est-à-dire la résistance à la force centrifuge et à celle propulsifuge horizontale. Elle produit la *stabilité ascensionnelle qui se convertit en mouvement horizontal;* comme le flanc d'un navire a un point d'appui dans l'eau contre un vent largue, ce qui produit *la stabilité latérale qui se convertit en mouvement en avant.*

Un point d'appui dans l'air produit par une force de résistance provenant d'une surface ayant une forme convenable, est donc encore un autre grand principe auquel l'on n'a pas suffisamment fait attention.

Si ces bases sont incontestables, et je crois qu'on ne peut le faire, il devient très-facile de combiner les moyens à l'aide desquels on pourra l'obtenir contre la force ascensionnelle, alors que celle-ci ne sera *pas dépassée* par un poids quelconque plus considérable. Il en sera de même pour un point d'appui latéral, si j'oppose une résistance convenable à la force propulsifuge horizontale latérale ; et encore faut-il noter que plus la vitesse augmente, plus la résistance augmente aussi, *mais pour faire avancer le ballon dans le sens où il y a le moins résistance, c'est-à-dire sur l'avant.*

Puisque le ballon peut être mis en équilibre dans l'atmosphère par un poids équivalent à la force centrifuge ; je pourrai trouver aussi au moyen d'une surface, une résistance équipollente au poids qui sert à établir cet équilibre ; ou, si la force ascensionnelle l'emporte, je saurai opposer la résistance à celle qui n'aura pas été neutralisée par le poids inerte.

Si, à une résistance *supérieure,* provenant d'une surface qui est au-dessus du ballon, j'en ajoute une autre qui soit *latérale,* il faudra bien alors que le ballon marche par le double effet de la force centrifuge non neutralisée, comme par celui de la force propulsifuge horizontale latérale.

Dans l'un comme dans l'autre cas, le ballon au lieu de monter perpendiculairement ou en suivant une parabole ascensionnelle, comme lorsqu'il n'y a pas de *résistance* au moyen d'une surface supérieure, glissera dans l'air comme le vaisseau sur la mer, si la surface établie occasionne une résistance suffisante ; la surface latérale produira le même effet quand au mouvement en avant.

Ainsi, dans l'un comme dans l'autre cas, le ballon au lieu de monter ou céder au vent, se trouvant pris entre deux résistances, l'une supérieure, l'autre latérale, ne peut stationner, il faut qu'il s'avance dans une direction quelconque.

L'immobilité est un fait impossible pour lui ; ce serait la négation du mouvement lui même ou plutôt de sa cause ; car, il faut bien le redire, les forces centrifuges et propulsifuges ne sont pas *annihilées,* elles sont seulement *équipollées;* c'est-à-dire qu'elles peuvent encore agir dans un milieu comme l'air où rien ne les retient, puisqu'il n'y a pas une force supérieure qui les anéantisse.

Ceci est donc une remarque extrêmement grave et importante à faire ; il ne faut donc pas se méprendre sur la valeur des deux mots, qui représentent des états différents et qui ont aussi des conséquences différentes.

Eh bien, si le mouvement est nécessairement produit par les deux forces dont je viens de parler, que sera-ce donc quand à ces deux forces viendra se joindre un mécanisme adapté au ballon, qui le fera mouvoir bien plus facilement encore et avec une rapidité proportionnée à tous ces moyens de locomotion réunis.

La question de la force ascensionnelle ainsi posée quand à ses effets, appuyée sur des données aussi certaines que celles que je viens d'admettre, celle de la direction me paraît présenter une solution facile.

Aussi me semble-t-il qu'il n'y a qu'un pas à faire pour arriver à cette solution de la direction, alors que tout est équilibré ou par le poids, ou par des surfaces de résistance, supérieures, latérales ; alors que l'instrument de navigation est pourvu d'un moyen mécanique aidant à la locomotion ; alors aussi qu'il y a un gouvernail qui produira dans l'air le même effet que celui d'un vaisseau produit dans un autre élément.

Ce pas quel est-il ?

Je vais le proposer ; ou plutôt je viens de le faire en énonçant tout ce qui précède ; il faut alors parler de la forme d'un aérostat.

FORME D'UN BALLON

Destiné à la navigation aérienne.

On a beaucoup varié sur ce point : on peut dire que presque toutes les formes ont été proposées, hormis cependant celle que je vais indiquer.

La plupart des inventeurs, et ils sont nombreux, ont pris celle d'un poisson, parce que disent-ils, c'est la forme qui se prête mieux à l'agilité des mouvements de cet animal dans l'élément liquide. Les nageoires, la queue destinée à servir de gouvernail; ont généralement été adoptés pour obtenir plus facilement la locomotion et arriver à la direction; et tous les inventeurs ont aussi parfaitement compris que ce n'était qu'en augmentant considérablement la capacité de ces corps que l'on peut parvenir à les faire mouvoir dans le fluide aériforme en les remplissant d'un air raréfié ou de gaz.

Ceci n'est que l'application de l'idée du père Gallien, qui a publié, en 1755, à Avignon, un livre intitulé : *L'Art de naviguer dans l'air*, etc., etc. Voici ce qu'il dit par rapport à la capacité et aux effets qu'elle doit produire :

« Plus le vaisseau sera grand, plus la pesanteur
» en sera absolument plus grande; mais aussi elle
» en sera moindre, relativement à son énorme vo-
» lume, comme peuvent le comprendre ceux qui
» ont quelque teinture de géométrie et qui savent
» que plus un corps est grand, moins il a à pro-
» portion de superficie, quoiqu'il en ait absolument
» davantage.

On a vu plus haut que l'art de la navigation aérienne avait fait par hazard un pas en avant, lorsque voulant employer le gaz hydrogène carbonné, on avait été obligé de doubler, tripler la dimension des aérostats, ce qui avait fait obtenir *l'assiette, la stabilité dans l'air*.

Ainsi, il faut donc conclure que, tout en cherchant une forme qui permette l'agilité ou plutôt un mouvement facile dans l'air, il ne faut pas s'écarter de cette autre règle, que le volume donne la stabi-lité. C'est donc une combinaison à faire.

Aussi, après ce que j'ai dit plus haut relativement à l'effet de l'augmentation du volume, comme à celui des résistances des surfaces, il me paraît nécessaire seulement d'avoir, au lieu d'un poisson dont les formes sont trop peu résistantes comme volume, non pas un ballon parfaitement sphérique, puisque cette forme doit être proscrite, mais un aérostat arrondi par les extrémités seulement, qui sera plus ou moins allongé, selon le besoin et les expériences que l'on veut faire ; car, en cherchant à donner plus de surface sur les côtés et en dessus, on aura plus de résistance naturelle dans la forme primitive du ballon, sans même y ajouter d'autres moyens, tels que ceux que je vais proposer.

Jusqu'à ce jour on n'a pas pensé à celui de ne pas perdre de gaz, par l'effet de la dilatation qu'il éprouve lorsqu'après une ascension rapide, il doit être mis en état d'équilibre, soit de température, soit d'élasticité avec l'air dans lequel il est plongé : différentes idées ont été émises à ce sujet : je proposerai aussi la mienne qui est d'une excessive simplicité ; elle n'exige aucune surveillance ni moyen mécanique pour l'employer. C'est une nacelle destiné à recevoir le gaz superfluent au moyen de deux dégorgeoirs communiquant du ballon à cette nacelle : ils sont toujours ouverts.

La figure 2 de la planche servirait de description au besoin, s'il ne s'agissait que de donner un croquis de l'aérostat, non pourvu de tous les accessoires à la navigation aérienne. Je la donne cependant pour répondre au besoin de mon sujet et pour le dégager de ce point important, touchant la forme primitive, isolée d'un aérostat; ou plutôt pour l'établir dans l'esprit de ceux qui voudraient étudier ces quelques lignes.

Nous donnerons ensuite une explication beaucoup plus détaillée, mais en renvoyant l'application à un dessin (fig. 3 et 4), représentant le ballon muni de ses accessoires, afin aussi que l'on puisse juger par la forme donnée si les principes que j'ai voulu établir sont bien fondés et si mon système présente quelque chose de solide.

L'aérostat, tel qu'on le voit figure 2, est complètement démuni de tout accessoire de locomotion et de ces surfaces triangulaires concaves indiquées plus haut pour obtenir la résistance contre le contact de l'air.

Le tracé au crayon indique le réseau qui enveloppe ordinairement les ballons afin que la dilatation du gaz ne les fasse pas éclater lorsque l'ouverture de la soupape est insuffisante pour lui donner passage. Le seul accessoire qui soit indiqué, est la nacelle dont la longueur et la capacité ne doivent pas effrayer; bien au contraire, lorsque l'on en connaîtra la destination, qui est précisément de recevoir le gaz qui se perd, lorsque dans les appareils ordinaires on n'a rien pour le recevoir, ce qui diminue d'autant la force dont l'aéronaute peut disposer pour prolonger ses expériences, et ce qui rend ces expériences plus coûteuses par la perte inutile que l'on fait lorsqu'il est si facile de l'éviter.

Deux orifices ou tubes dégorgeoirs ont leur ouverture à l'extrémité inférieure du ballon et s'ouvrent au niveau du plancher de la nacelle afin que le gaz puisse facilement trouver une issue.

Une soupape de sureté indiquée par les lettres JJ fig. 2, reste toujours ouverte ou facilement accessible à celui qui veut l'ouvrir s'il devient nécessaire. Voici l'idée qui a dominé dans la création de la nacelle et de ces deux tubes.

En supposant que la dilatation du gaz le force à entrer dans la nacelle qui est un supplément à l'aérostat, servant de récipient seulement, et en admettant que la quantité de gaz dégorgé remplisse tout ce supplément, si l'aéronaute craint une trop forte extension, il ouvre le robinet J' qui donne issue au gaz. Mais il est à remarquer que la grandeur de la nacelle permet de remplir les ballons beaucoup plus qu'on ne le fait habituellement, ce qui présente un immense avantage puisque les expériences ou voyages peuvent durer infiniment plus longtemps.

DESCRIPTION SOMMAIRE

D'un aérostat destiné à la navigation aérienne.

Soit un ballon arrondi par les extrémités dont la longueur est déterminée par les besoins de l'entreprise que l'on veut tenter, puisque cette longueur sert à fixer la contenance du gaz, et par conséquent la force dont on peut disposer pour soulever, transporter un poids quelconque.

Plus la capacité sera grande, plus aussi sera grande et puissante la force centrifuge.

On conçoit au premier aperçu qu'il n'y a pas, qu'il ne peut y avoir de proportion fixe et limitée pour établir une forme d'aérostat, comme l'on détermine la hauteur et le diamètre du fut d'une colonne de l'ordre Corinthien, je suppose; et que, cette forme et la capacité, doivent être basées ou coordonnées avec les surfaces dont on aura besoin pour obtenir une résistance nécessaire à une puissance centrifuge.

Seulement, il se présente ici une très-grave observation : plus le ballon sera grand, plus sa pesanteur spécifique deviendra moindre, puisque la quantité de gaz qu'il contiendra lui donnera plus de force pour s'élever; et d'un autre côté, plus le volume sera considérable, plus on obtiendra facilement l'assiette, la stabilité dans l'air.

Cette observation doit donc être considérée comme un principe dans les proportions à donner à un ballon que l'on veut construire.

Dans l'intérieur se trouve ce que j'appelle l'arête ou épine dorsale, à laquelle viennent se rattacher des côtes, constituant ensemble avec deux autres arêtes parallèles à celle du milieu, ce que j'appelerai la charpente de l'aérostat. Elle se compose donc d'une pièce principale en métal dépassant chacune des deux extrémités d'environ 3 mètres, selon la dimension.

Sur cette arête principale sont adaptées, selon la longueur du ballon, un certain nombre de côtes, la coupant à angle droit : une par mètre. Toutes ces pièces sont solidement ajustées ensemble. Comme elles doivent servir à maintenir l'écart des parties latérales du ballon, on ajuste également à l'extrémité des côtes deux autres arêtes latérales parallèles à celles du centre ; elles sont recourbées vers les extrémités pour aller joindre celle du milieu qui sert d'axe et de support à la machine (hélice) qui doit servir à faire marcher l'aérostat. L'arête principale peut n'avoir que 0m, 015^m de diamètre ; les arêtes de côté, 0m, 010^m ; les côtes transversales 0m, 007^m ; toutes ces pièces doivent être enduites de gutta-percha.

A chaque extrémité de l'arête servant d'axe à la charpente, se trouve un bourrelet en métal, formant le point d'appui des hélices, destinées elles-mêmes à contribuer à la locomotion, dont le moyen est ainsi adapté au ballon et non à la nacelle. Le bourrelet est une pièce vissée.

Aux arêtes latérales de l'aérostat sont adaptées deux ailes fixes formant un tout de quatre pièces. Ces ailes ainsi disposées forment quatre surfaces à angle rentrant : une supérieure, une inférieure et deux latérales.

Chacune de ces ailes est formée par un cadre en fil métallique d'archal ou laiton de 0m, 005^m de diamètre. La largeur est maintenue par autant de morceaux de fil d'archal un peu moins gros ; il y en a autant que l'on compte de côtes à l'intérieur ; c'est-à-dire que leur distance est d'un mètre : on peut en placer davantage ; la force de ces tringles transversales est calculée selon le besoin. Cette partie de l'appareil est maintenue en équilibre par des cordes passant de l'une à l'autre aile, s'appuyant sur le ballon lui-même dans la partie supérieure et attachées au filet.

La surface des ailes est formée par une toile destinée à produire de la résistance ; celle-ci est calculée par l'étendue que l'on donne à cette surface. Ces toiles ou voiles, sont tendues absolument de la même manière que l'on tend les toiles sur les ailes d'un moulin à vent.

Chacune de ces ailes se trouve divisée en un certain nombre de compartiments dont la toile en est mobile. Cette précaution est du reste nécessaire, parce que la surface de chaque aile ainsi divisée, permet de serrer les voiles en tout ou en partie, (on prend un ris en terme de marine) afin d'augmenter à volonté la force de résistance par l'étendue de la surface pleine.

Les figures 3, 4 et 5, donnent une idée très-exacte du ballon vu dans son ensemble et des divers détails que je viens de fournir.

Les extrémités supérieures et inférieures de chacune des ailes sont garnies de chaque côté par une toile mobile, faisant office de rebord par l'effet du gonflement occasionné par la pression de l'air. En serrant ce rebord sur l'un des côtés (tribord par exemple), j'augmente la surface, par conséquent aussi la résistance. On serre les voiles et ces rebords au moyen de petites manœuvres qui sont disposées de manière à venir aboutir à la nacelle, au milieu de laquelle se trouve l'espace réservé au navigateur aérien.

La nacelle est suspendue au-dessous de l'aérostat ; sa longueur dépasse celle du ballon de tout ce qu'il faut pour y placer le mécanisme moteur. Il ne faut pas s'effrayer de cette dimension, parce que plus elle sera grande, plus elle sera utile, attendu qu'au moyen des deux ouvertures qui communiquent directement de l'intérieur du ballon dans celui de la nacelle elle-même, ses flancs, cet intérieur est destiné à devenir un réservoir de gaz pour recevoir le trop plein du ballon lorsqu'il y a dilatation trop rapide, tout en conservant la force ascensionnelle qu'il est si important de ménager. La nacelle est donc disposée de manière à pouvoir recevoir le gaz superflucnt ; c'est en quelque sorte un second ballon, mais infiniment moins grand ; et de plus, au moment du départ il est vide.

C'est à l'extrémité avant et arrière de la nacelle que se trouvent placés deux mécanismes, dont la forme est tellement vulgaire que j'ose à peine la nommer ; celle d'un tourne broche que l'on monte à volonté. Seulement, la dimension et la force du ressort, infiniment supérieures, sont calculées de manière à donner pour chaque hélice une puissance de locomotion égale à celle qu'il serait nécessaire d'obtenir de chacune d'elle pour faire mouvoir seule l'aérostat.

Le volant de ce mécanisme est remplacé par une poulie à gorge sur laquelle passe une courroie sans fin s'enroulant sur une autre poulie adaptée solidement au-dessus. Cette hélice tenant à l'axe principal de la charpente, il s'en suit que la force du mécanisme est placé sur la nacelle, mais que l'effet moteur est produit directement sur le ballon. Cette disposition doit être une règle absolue indiquée par le bon sens, qui fait comprendre que l'agent moteur peut bien n'être pas attaché au ballon, mais qu'il faut absolument que son effet se fasse sentir en *premier lieu à l'aérostat*, afin qu'il entraîne ainsi tout l'appareil ; au lieu de placer le moteur et produire l'effet d'abord sur la nacelle qui devrait entraîner alors le ballon. Cela me paraîtra toujours un contre sens, ainsi que presque tous les aéronautes ont voulu et l'ont pratiqué.

Avec ce mécanisme vulgaire, si facile à confectionner, auquel l'on peut donner la force que l'on veut, on évite le danger du feu à entretenir pour toute machine à vapeur que l'on voudrait employer comme moyen de locomotion ; on évite aussi les approvisionnements de toute nature que nécessite inévitablement l'usage d'une machine à vapeur.

A l'extrémité postérieure se trouve un gouvernail, formé par une simple bande de toile montée sur un cadre triangulaire, que l'on fait mouvoir à volonté au moyen d'une manœuvre que le pilote tient en main.

Dans l'endroit réservé sur la nacelle aux navigateurs, se trouve le mécanisme de deux autres hélices horizontales devant servir à monter ou descendre. Les ailes sont en forme de plans inclinés que l'on change de face selon le besoin. Ce mécanisme est mis en mouvement au moyen d'une simple manivelle. Nous en donnerons plus bas une explication suffisante, lorsque nous parlerons de la machine Van-Hecke.

Le ballon est muni d'une ancre à grappins pour s'arrêter au besoin dans un endroit quelconque. Il est presque inutile d'ajouter que le cable de cette ancre sera suffisamment fort pour résister à des secousses produites par le vent, lorsque le ballon aura pris terre.

A partir de l'extrémité des arêtes latérales, les ailes vont en diminuant de surface pour se rejoindre sur l'axe principal de la charpente. Cette disposition permet au ballon de fendre plus facilement l'air : de cette manière, l'hélice est presque renfermée ; enfin, sur ces arêtes latérales, se rejoignant ainsi à l'arête principale, se trouve disposée une toile, dont le but est de présenter un plan incliné. Si l'on veut monter, on la ramène en dessous ; si l'on veut descendre, on la ramène en dessus ; si l'on veut marcher horizontalement, on partage la toile en deux de manière à ce qu'il y en ait autant au-dessus qu'au-dessous.

Telle est la description générale et sommaire cependant, mais qui nous paraît très-suffisante, de la forme et des principales parties d'un ballon que nous proposons pour servir à la navigation aérienne. Je n'ai pas voulu entrer dans de plus longs détails sur la soupape de sûreté et autres accessoires, parce que cela me paraît inutile quant à présent, puisque la nacelle est destinée à recevoir le trop plein du gaz dilaté ; gaz qu'elle peut restituer à volonté par les deux dégorgeoirs qui communiquent du ballon à la nacelle. Je n'ai pas voulu parler aussi de toutes les manœuvres pour abaisser ou relever la voilure des ailes ; parce que les principes, les bases de mon système ne sont pas là. Parler de tous les détails, en poulies ou manœuvres, cela n'aurait fait que mettre de la confusion là où il faut au contraire une très-grande simplicité, afin que le soin même que l'on prend de tout expliquer, ne nuise pas à la clarté par trop d'abondance des détails.

OBJECTION.

Je le sais, l'expérience a depuis longtemps appris que les aperçus mécaniques les plus probables ont besoin de confirmation pratique pour passer du domaine de la théorie dans celui de l'usage utile ; et, qu'il est arrivé très-fréquemment, que des théories qui paraissent bonnes en elles-mêmes, ne résistent pas à l'épreuve de l'expérience qui en prouve quelquefois le peu de solidité.

Cependant, je dois répondre à cette objection que je me propose, en disant : ma théorie se trouvant fondée *sur des expériences très-multipliées sur toutes les parties prises en détail de mon aérostat,* je ne vois pas pourquoi ce qui serait vrai, juste et bon en théorie pour chaque détail, confirmé par l'expérience, pourrait devenir erreur, mauvais, inapplicable, faux, lorsque tous ces détails sont réunis dans un seul tout, alors surtout que cette réunion est précisément faite de manière que chacune des fractions, chaque détail vienne en aide à une autre, et lui serve de preuve en quelque sorte. Ce qui est bon dans chacune de ses parties, ne peut devenir mauvais dans son ensemble : cela ne me paraît pas probable, possible, alors surtout que l'expérience a justifié les théories sur chacune d'elle.

J'en appelle avec confiance à l'expérience elle-même, qui, j'ose le croire, confirmera pleinement les données que je propose et les bases sur lesquelles j'ai fondé mon système de navigation aérienne. Aussi voyons les résultats présumés à obtenir.

RÉSULTAT PRÉSUMÉ

A obtenir de tous les principes fondamentaux comparés à l'ancien système.

Dans la construction *ordinaire* des ballons, on ne s'est occupé que d'une chose, *s'élever.*

Quand on a eu trouvé *la locomotion ascensionnelle,* en vertu *de la loi centrifuge,* on a voulu adapter à la machine des moyens mécaniques, dans le but d'avoir *la locomotion horizontale, la direction.*

Mais on a commis là une des plus grosses fautes que l'on puisse concevoir; parce que, pour être maître de la force *centrifuge,* il *fallait commencer par lui opposer une résistance, sans perdre de sa puissance* pour arriver aux effets qu'elle doit produire; comme pour vaincre la propulsion horizontale, ou tout au moins l'équipoller, pour résister au vent et à son effet, il fallait encore un moyen de résistance *et, je n'en vois nulle part dans la forme ordinaire des ballons.*

Malgré cela, cependant, on a voulu *au moyen d'un mécanisme, vaincre tout à la fois la force centrifuge, celle du vent, marcher vers un but, en entraînant tout un appareil contre toutes ces difficultés réunies.*

On n'a pas pu réussir : très-évidemment cela était infaillible ; parce que c'était toujours cette boule de bois livrée au courant de l'eau qui l'entraîne, parce qu'elle n'a pas les moyens suffisants de résister.

Le corps du ballon n'est pas inerte, j'en conviens, mais il n'est pourvu d'aucun moyen convenable pour lutter, vaincre le courant, les difficultés auxquelles il est livré ; car, un corps rond ne peut résister à rien, surtout à une force supérieure à celle qu'il peut renfermer en lui-même, comme le ballon.

J'ai dit que de toutes les formes, celle qui oppose le moins de résistance, est celle *sphérique* ou *convexe;* celle qui en offre incontestablement le plus, c'est la *concave.*

Pour parvenir à la *direction avec la forme ancienne,* on n'a donc pas pu, tout naturellement, arriver à vaincre, surmonter trois difficultés capitales :

1° La force ascensionnelle, même en admettant tout au moins qu'elle ne soit pas équipollée dans son entier, car dans ce cas d'équipollence, l'aérostat devient stationnaire.

2° La force de propulsion du vent; qui, l'une et l'autre n'éprouvaient aucune résistance, n'étaient équipollées par rien, si ce n'est, quant à la force ascensionnelle, que pour parvenir à faire marcher le ballon horizontalement, on arrivait progressivement à l'épuiser en annihilant ses forces, tantôt en lâchant du gaz, puis jetant du lest. Autant vaudrait pour donner la santé à un malade, ou préparer un soldat à une longue marche, le saigner et l'empêcher de manger pour avoir des forces, tout en voulant cependant qu'il marche comme lorsqu'il est en bonne santé, et en la lui faisant espérer par ce singulier régime ;

3° Enfin, tout en surmontant ces difficultés, arriver à la direction d'un point à un autre, devenue impossible, parce que précisément on avait songé à l'obtenir, sans prévoir et sans parer aux obstacles que je viens de signaler.

Ce résultat, je le répète, était inévitable, quels qu'aient été les moyens mécaniques employés, qui pouvaient être bons en eux-mêmes; mais qui, mal appliqués d'abord, étaient, avec un tel appareil, impuissants pour obtenir un bon résultat avec les ballons à forme ancienne.

Il fallait donc commencer par étudier les causes des obstacles, afin de pouvoir trouver les moyens de les vaincre.

On ne l'a pas fait; j'ai commencé par le faire.

Quel est le résultat théoriquement obtenu?

Quand la *force motrice mécanique a été dégagée ainsi de tout ce qui pouvait lui porter obstacle; quand la force centrifuge a été étudiée; quand j'ai vu l'effet expérimenté des résistances des surfaces; quant tout a été mis en équilibre, tout au moins, j'ai vu que les ballons avaient en eux-mêmes un* moyen de locomotion; *que les résistances des surfaces, au lieu de nuire devaient servir à la locomotion; et, qu'alors, la force motrice mécanique restant libre, n'ayant plus d'obstacles à vaincre, puisque je me suis servi des obstacles eux-mêmes pour créer le mouvement, pour lui servir d'auxiliaires, j'ai vu, dis-je, qu'avec une forme nouvelle, elle deviendrait un véritable moyen de locomotion; de direction avec tous les accessoires et ce qui constitue la forme nouvelle de l'aérostat; parce qu'alors le ballon, dans quelque situation qu'il se trouvat, avait en lui les moyens de résister à tout ce qui, jusqu'à ce jour, avait fait obstacle à sa marche horizontale, à sa direction.*

Cette théorie me paraît tellement simple, évidente, rationnelle, logique; tellement conforme aux principes posés, que j'ai toujours été animé de la plus profonde conviction, qu'avec la forme proposée par moi, on doit arriver à la direction, non pas parce que la logique le démontre, mais parce que les faits, les principes scientifiques le prouvent par l'expérience; parce que l'expérience elle-même de toutes les bases de mon système est sanctionnée par la science qui ne pose jamais de bases absolument fausses.

Il me reste donc alors à faire la démonstration par l'application : je vais la proposer encore.

APPLICATION ET DÉMONSTRATION THÉORIQUE.

Si j'oppose à la force centrifuge un poids qui la dépasse, il est évident qu'elle sera *neutralisée complètement; annihilée.* Dans cet état, le ballon n'est plus rien; il n'est même pas comparable à cette boule de bois supportée par l'eau, suivant le courant qui l'entraîne, il ressemble à un vaisseau sombré; ce n'est même pas non plus un objet de curiosité, comme il l'a été jusqu'à ce jour, puisqu'il ne peut plus s'élever, l'équilibre n'ayant pas été établi entre les forces centrifuge et centripète.

La locomotion par l'effet de cette force centrifuge, même pour l'élever simplement, devient une chose impossible, puisqu'il y a une force supérieure, centripète, qui l'annule complètement et retient le ballon captif en quelque sorte. *On a donc perdu ainsi la puissance et l'effet de la force centrifuge, alors qu'il fallait chercher à en faire usage, car enfin, pourquoi négliger, perdre une force quelconque au lieu d'en tirer parti.*

J'ai cherché à me servir de la puissance centrifuge, mais en *la modifiant, en l'équilibrant avec la puissance centripète et au moyen de la résistance que je lui oppose par des surfaces.*

Dans cet état d'équilibre, la force centrifuge n'est plus *neutralisée, annihilée;* elle est simplement *équipollée,* ce qui me paraît essentiellement différent, *parce qu'alors elle ne cesse pas de pouvoir agir.*

En effet, si comme je l'ai dit plus haut, la force

entrifuge est de 1,000 kilos; si je ne lui oppose qu'une force centripète de 950 kilos, il est évident qu'il y a encore une force de 50 kilos qui est parfaitement libre; et qui, très-certainement, enlèvera le ballon sans difficulté, quelque soit son volume, son poids et celui de la force centripète.

Mais si à cette force centrifuge ascensionnelle de 50 kilos, j'oppose une surface de résistance qui soit équivalente à ces 50 kilos, le ballon ne *restera pas stationnaire pour cela, parce que la force centrifuge non neutralisée conservera toujours son action, sa puissance, parce qu'alors elle peut et doit agir.* Seulement au lieu de s'élever verticalement ou en décrivant une parabole ascensionnelle, il doit arriver que la surface qui lui sera opposée, maintenant cette force centrifuge en équilibre, le ballon *glissera dans l'air, parce qu'il n'y a plus inertie, et qu'il faut de toute nécessité que le mouvement se produise*, comme le mouvement d'un vaisseau se produit sur mer quand il est poussé par un vent largue : ici c'est la force centrifuge qui produit le même effet, *en poussant le ballon dans un sens ou dans un autre.* Voilà la tendance naturelle de cette force et le résultat théorique analogue à ce qui se passe sur mer.

Si *j'aide à cette locomotion, dont le principe, la cause résident dans le ballon lui-même*, par un mécanisme, je ne fais que favoriser le mouvement horizontal pour aller plus rapidement vers mon but.

Maintenant et outre cela, si à *la force propulsifuge horizontale provenant du vent*, j'oppose une surface *latérale* qui, trouvant un point d'appui dans l'air lui-même et sa densité, *tendant à le refouler avec plus ou moins de force, selon précisément que celle de propulsion sera plus ou moins forte; selon aussi que la surface sera plus ou moins étendue du côté opposé au vent, j'aurai ainsi un moyen de résistance latérale qui m'empêchera de dériver complètement dans la direction du vent, tout comme le vaisseau ne dérive pas complètement lorsqu'il est soumis à l'action d'un courant qui le prend en travers.* C'est l'expérience de tous les jours qui le prouve.

Mais, j'entends dire, il n'y a pas parité dans les deux éléments : l'un, l'eau est infiniment plus dense que l'air, et voilà pourquoi, par un vent largue très-fort, le vaisseau glisse dans l'eau, parce que celle-ci lui oppose une résistance suffisante; tandis que le vent qui pousse le ballon, étant de sa nature et par sa densité, complètement similaire à l'élément dans lequel l'aérostat se trouve immergé, l'effet de la résistance ne peut pas être le même dans un cas comme dans l'autre.

L'objection paraît grave, mais n'est pas sans réplique; parce que, si le vent venant à tribord, je suppose, ne frappe qu'une surface équivalente à 50 kilos, je suppose encore; et que la force à bâbord, à raison du rebord ajusté à l'aile, soit équivalente à 70 kilos, *la différence de 20 mètres de surface que je trouverai, produira le même effet qu'une différence de densité, en me procurant une résistance suffisante pour n'être pas entraîné par le vent;* et, au lieu de suivre sa direction, je glisserai dans l'air malgré la force du vent, parce que la résistance devient alors proportionnelle à la surface opposée et à la vitesse même du vent qui agit sur l'aérostat et du côté où la force n'est que de 50 kilos.

Ceci est fondé sur les expériences par nous rapportées plus haut, qui font connaître que plus le vent est fort et plus la résistance augmente elle-même; comme il est naturel d'ajouter, qu'une surface de 70 mètres donnera plus de résistance que celle qui n'en aura que 50, et de conclure ensuite que la différence de densité dont je parlais se trouve ainsi couverte par la différence des surfaces.

J'ajouterai maintenant, pour résoudre l'objection d'une manière plus complète que, si *je m'élève dans une partie de l'atmosphère où règne un calme habituel* (ceci est d'une observation bien constatée), par conséquent *où je ne suis plus soumis au courant du vent et à toutes les perturbations atmosphériques* comme celles qui existent près de la terre, à quelques centaines de mètres, l'objection disparaît alors complètement *et l'équilibre latéral est trouvé*, ou plutôt il n'y en a pas besoin. L'aérostat reste alors livré à deux forces motrices, celle qu'il a en lui-même, la centrifuge; puis celle provenant du mécanisme.

Je suppose la difficulté résolue, et selon moi elle l'est d'une manière complète, il en résulte que la résistance offerte par la surface latérale opposée au vent, combinée avec celle provenant de la surface supérieure, il se produit une double résistance, un double moyen de locomotion pour l'aérostat, qui avec sa forme allongée, glissera dans l'espace comme le vaisseau sur l'eau par un vent largue, parce que *la tendance naturelle est de s'avancer du côté où la résistance est la moins forte.*

C'est encore l'expérience de tous les jours.

Dans ces deux hypothèses de surfaces supérieure et latérale, offrant une double résistance, l'une supérieure, l'autre latérale, j'ai transformé ces résistances en moyen de locomotion, en me servant des deux causes qui nuisent aujourd'hui à la direction des aérostats : celle centrifuge qui enlève le ballon, que je sais retenir en modifiant les effets de la puissance ascensionnelle: celle propulsifuge horizontale qui l'entraînerait hors de la ligne que je voudrai suivre.

Pourquoi ces résultats doivent-ils se produire?

Parce que, d'un inconvénient que j'ai su éviter par l'emploi d'une nouvelle forme, je me sers de la force centrifuge et propulsifuge horizontale, en prenant un point d'appui dans la densité de l'air lui-même, ou la remplacer au moyen d'une surface plus grande ayant des rebords; parce que j'ai su employer ces forces, perdues jusqu'à ce jour, en leur offrant une résistance que l'on n'avait pas encore opposée; et, qu'alors, au lieu d'annihiler complètement la force centrifuge, comme on le fait encore, je m'en sers pour créer une locomotion dont le principe est et réside toujours dans l'aérostat lui-même. Il n'y a rien de perdu alors.

Si, à ces pertes évitées; si, à ces puissances dont je sais tirer parti, je joins une force locomotrice particulière, mécanique, celle dont j'ai parlé, je dois évidemment arriver à la direction. L'expérience qui s'est faite quelquefois de la locomotion mécanique, prouve qu'elle doit réussir plus spécialement encore dans mon système, *parce qu'elle est dégagée de tout empêchement; qu'elle n'a plus d'obstacles à vaincre; que son rôle consiste à aider ou plutôt à concourir à la locomotion horizontale; à donner le mouvement de direction, sauf les modifications pour s'abaisser ou s'élever dont je vais parler.*

Je concéderai que je ne pourrai marcher contre le vent debout; mais, partout c'est la même chose, sur mer particulièrement; et l'on n'arrive au port dans ce cas, qu'en courant des bordées, si même quelquefois on n'est pas obligé de prendre le large. Rien n'empêchera de faire dans l'air ce que l'on fait sur mer, puisque les conditions atmosphériques peuvent être plus favorables, en allant chercher le calme dans une région élevée; et que le calme trouvé, je puis attendre aussi le moment favorable pour arriver au but.

Et, en effet, une condition qui ne se trouve pas sur mer, c'est celle-ci : c'est qu'en m'élevant ou en m'abaissant à volonté, sans perdre de gaz et sans jeter de lest, puisque j'en ai trouvé le moyen, je chercherai un vent favorable : cela m'est impossible sur mer, tandis que la chose l'est au contraire dans l'air, si l'on s'en rapporte aux expériences déjà faites, desquelles il résulterait, qu'à des hauteurs différentes, il existe des courants d'air qui sans doute aussi peuvent varier dans leur direction.

Sous ce rapport, la navigation aérienne présente donc un immense avantage sur celle maritime, puisque l'aéronaute peut en quelques minutes transporter son ballon à des hauteurs où, sinon le calme parfait, du moins la tempête n'existe pas, tandis qu'elle mugit sous ses pieds. Cette hypothèse est présentée comme probable et même réelle d'après les faits constatés. On fera l'étude de la navigation atmosphérique, comme on a fait celle sur mer : on a été longtemps avant de connaître les vents alizés qui règnent dans telle ou telle partie de l'Océan Atlantique, en telle ou telle saison; on peut rester le même temps en ce qui concerne la navigation aérienne, sans pour cela que l'on puisse prétendre cause d'impuissance contre les aérostats en ce qui concerne leur direction.

Ce sera une étude à faire.

Maintenant que je connais le moyen de résister à la force centrifuge tout en profitant de sa puissance; de me servir aussi de celle propulsifuge horizontale; si je puis mettre le ballon en équilibre dans l'air, et cela est facile puisque des faits nombreux l'ont constaté; si je l'ai placé entre toutes ces forces qui tendent à lui donner le mouvement, il faut aussi que je sache m'élever ou m'abaisser à volonté, puisque le navigateur aérien a besoin de l'un et de l'autre.

Dans l'ancien système des Montgolfières, on s'élevait en réchauffant l'air contenu dans le ballon: le refroidissement de cet air occasionnait la descente progressive de l'aérostat; et l'on ne pouvait éviter la chute qu'en jettant du lest.

Lorsque l'on a employé le gaz hydrogène pur ou carbonné, on ne pouvait s'élever qu'en jettant du lest, et s'abaisser qu'en perdant du gaz.

Telle est véritablement l'enfance de l'art.

On a proposé des moyens, tels que celui de comprimer le gaz : le volume étant moindre, le déplacement de l'air environnant le ballon étant moins considérable, celui-ci s'abaissait facilement dans la même proportion de la résistance offerte par le volume : loin de gagner l'assiette, la stabilité, l'aérostat la perd au contraire. Il faut donc tendre à conserver cet avantage précieux, tout en cherchant la locomotion perpendiculaire descendante : pour cela il est nécessaire d'employer une manœuvre qui du reste me paraît inévitable dans tous les systèmes.

Celle que je proposerai pour s'élever ou s'abaisser à volonté, est beaucoup plus simple, et présente cet immense avantage, de n'avoir pas besoin de comprimer le gaz, d'en perdre, pas plus qu'on n'a besoin de jeter du lest.

J'ai parlé d'un aérostat ayant une force centrifuge de 1,000 kilos, J'ai supposé que 950 kilos seulement étaient équilibrés au moyen d'un poids quelconque : j'ai admis aussi que la surface supérieure était équivallente par la résistance offerte à 50 kilos, restant non équipollés, équilibrés.

Maintenant les hélices qui sont placées en dessous du ballon, ou de la nacelle, me présentent par la surface de leurs ailes une puissance attractive centripète de 70 kilos je suppose.

Comme déjà la puissance centrifuge de 50 kilos est équipollée par la surface supérieure présentant une résistance de 50 kilos, il me paraît évident que n'ayant pas à vaincre cette puissance centrifuge de 50 kilos, *déjà équipollée par la résistance de la surface supérieure,* la force attractive des hélices horizontales, doit conserver tout son effet, et permettre de descendre à volonté en les mettant en mouvement, *après avoir au préalable cargué la voilure des deux ailes inférieures,* qui me présenteraient elles-mêmes une résistance à vaincre.

Cette hypothèse est la plus favorable : mais je suppose que la surface supérieure, en raison du mouvement centripète, cesse de produire son effet, parce que la force centrifuge n'agissant plus, ou étant annihilée par celle centripète de 70 kilos, je ne serai plus ainsi favorisé par celui que produisait auparavant la surface supérieure qui m'offrait une résistance dans le mouvement centrifuge : et cela doit en effet arriver.

Mais alors la force attractive de l'hélice étant de 70 kilos; celle centrifuge étant de 50 seulement, je descends avec une puissance de 20 kilos, ou plus selon que je donnerai aux ailes des hélices une surface plus ou moins grande.

Tout cela s'opère évidemment sans perdre de gaz.

Si je veux remonter, je n'ai qu'à cesser la manœuvre, carguer pour un instant la voilure des ailes supérieures; leur surface ne présentant plus la résistance calculée de 50 kilos, la force centrifuge de 50 kilos *non équilibrée* reprend toute sa puissance; je m'enlève sans perdre de lest. Aussitôt arrivé à une hauteur déterminée; je hisse la voilure des ailes supérieures; la puissance centrifuge est contrebalancée de nouveau, et dans cet état l'aérostat reprend sa marche horizontale.

Tel est l'effet que théoriquement doit produire l'emploi des hélices à plans inclinés mobiles, placées entre le ballon et la nacelle ou au dessous.

Le problème de la direction des aérostats a donc toujours été pour moi, et devra être pour tout le monde de *trouver dans la forme modifiée :*

1° Une résistance calculée, à une force ascensionnelle déjà diminuée par un poids plus ou moins considérable qui l'absorbe en partie;

2° Une résistance latérale, qui peut devenir proportionnelle à la force propulsive par le développement d'une plus grande surface qui remplace et tient lieu de la différence de densité.

3° Un moyen accessoire de locomotion mécanique;

4° Un moyen pour monter ou descendre, mais toutefois en ne perdant jamais de vue, que déjà, *par l'emploi de la force centrifuge plus ou moins équipollée; que par la résistance offerte à la propulsion du vent, les aérostats ont en eux mêmes, par eux-mêmes, un moyen puissant, principal de locomotion.* Aussi le moyen mécanique n'est en quelque sorte que secondaire, sous ce rapport que rigoureusement on peut s'en passer pour se *mouvoir;* que le moyen mécanique ne vient en aide que comme auxiliaire et pour hater la marche; mais aussi en reconnaissant qu'avec le gouvernail ils contribuent tous deux à la direction. Avec la forme proposée, et la force centrifuge, on n'a plus à redouter les calmes qui se manifestent parfois sur l'Océan, tranquillité qu'il serait fort à désirer d'avoir continuellement pour un aérostat.

Tels sont en abrégé, les principales applications de mon système de la direction des aérostats. Pour peu que l'on examine avec attention tout ce qui précède, on verra de suite que je n'ai posé que des bases générales; que j'ai évité les détails dans la démonstration, parce qu'il m'a paru qu'ils étaient superflus, les applications devant se faire toutes seules, lorsque l'on aura étudié la navigation aérienne, et qu'on la connaîtra comme celle maritime. Il était au moins inutile de se lancer dans des hypothèses de manœuvres dans tel ou tel sens, avant de vérifier le système lui-même par l'expérience. Les connaissances nautiques actuelles, et leur état avancé, permettent de croire qu'aussitôt la vérification faite de cette idée sur la direction des aérostats, l'art de les diriger fera des progrès rapides, puisque le navigateur sera aidé par toute l'expérience déjà acquise sur un élément bien plus dangereux sans aucune espèce de comparaison.

Avant de se prononcer pour ou contre le mérite de cette invention, il faut donc étudier soigneusement les théories sur lesquelles elle se fonde. Je dis que cette étude est toute faite, puisque la science a confirmé en les adoptant, tous les principes qui servent de base à ce système. Les plus grandes probabilités, j'allai dire la certitude sont donc pour la réussite, parce que l'on ne peut pas présumer que tous ces principes groupés ensemble, appliqués et formant en quelque sorte chaque partie de l'aérostat, deviennent tout à coup par cela qu'ils sont réunis, tout autres dans leurs conséquences, qu'ils ne sont étant appliqués aux détails.

Cela n'est ni présumable logiquement et scientifiquement, car, l'ensemble, n'étant qu'une réunion de principes qui restent toujours les mêmes par leur nature, l'application que j'en ai faite, ne peut ni ne doit faire varier les effets et les conséquences, surtout lorsque la science les a consacrés comme des axiômes.

DERNIÈRE OBSERVATION

Sur l'ensemble du système.

Il est fondé comme nous l'avons dit sur deux bases principales.

1° *Usage de la force centrifuge pour donner le mouvement au ballon; mais dans un sens déterminé*, car sans cela il n'y aurait pas de système, puisque la force centrifuge élève naturellement le ballon de bas en haut, et que le but de la direction n'est pas celui-ci, mais d'avancer *horizontalément* vers un point que l'on veut atteindre.

2° Emploi de la force centripète, pour annihiler tout ou partie de la force centrifuge, moyen qui se combine avec le suivant.

3° Emploi des surfaces pour créer des résistances, à l'aide desquelles, après avoir équipollé la force centrifuge et celle propulsifuge latérale qui ne *doivent* pas être complettement annihilées, on arrive au mouvement horizontal cherché.

Le système est tout entier dans ces quelques lignes. Tout ce que nous avons dit de plus, ne l'a été que pour chercher à établir les principes et pour en faire les applications.

Nous allons les répéter en quelques mots, en supposant trois cas, démontrés avec la figure 5.

Soit la force centrifuge de 100 kilos; il y a 50 kilos qui sont *annihilés* par un poids égal; il ne reste donc que 50 kilos de force à *équipoller* afin d'obtenir l'équivalent qui reste disponible et qui *peut* agir.

Je suppose un instant que la surface formée par la ligne BC' la courbe c' A c' et l'autre ligne c' B, formant la partie supérieure du ballon dans cette figure, offre une résistance de 50 kilos seulement, il est évident que cette *équipollence n'anéantit* pas la force centrifuge, comme si j'avais placé un poids de 110 kilos aulieu de 50; que celle-ci ne cesse pas d'agir, parce qu'elle *peut agir*. Mais en admettant par supposition que la résistance supérieure qui lui est opposée, soit plus considérable que la masse d'air qui est sur l'avant du ballon, il est évident que l'action, le mouvement se produira par le point où la résistance sera la moindre.

Aussi, si la résistance n'est que de 5 kilos sur la partie avant du ballon, c'est dans cette partie que devra se produire le mouvement de locomotion dans le sens *désiré, déterminé*, parce qu'il est de principe *incontestable, incontesté, reconnu scientifiquemént et par des expériences, que le mouvement se produit toujours par le côté où il y a moins de résistance*.

Ceci me parait tellement simple, qu'il n'y pas besoin d'autre démonstration.

Si donc, le mouvement se produit dans ce sens par l'effet de la force centrifuge, cela confirme ce grand principe qui est révélé par un examen attentif, c'est que les aérostats ont en eux mêmes, par l'effet de la force centrifuge, modifiée comme je viens de le dire, une puissance, une force, un moyen de locomotion, que l'on n'avait pas aperçus jusqu'à ce jour, et dont il fallait savoir profiter par l'usage des surfaces et de la résistance qu'elles occasionnent lorsqu'elles sont mises en contact avec l'air.

Maintenant, les aérostats plongés dans l'air, n'y rencontrent pas *partout* le calme et l'équilibre absolu; ils sont et peuvent être soumis à des mouvements de l'air qui les entraînent dans une direction souvent toute autre que celle que l'on voudrait suivre: il faut y résister.

Le moyen est simple, ou du moins me parait tel.

Si une surface quelconque résiste à la force centrifuge, une autre surface doit aussi pouvoir résister à une force propulsifuge horizontale, le vent, qui en définitive est l'équivalent de la force centrifuge.

Seulement il y a cette différence, c'est que l'aéronaute ne peut pas *annihiler* la force propulsifuge horizontale; il ne peut en modifier l'effet qu'en *l'équipollant* plus ou moins.

Les principes de la résistance des surfaces sont bien les mêmes, mais seulement, ils ne peuvent être modifiés de la même manière que pour la force centrifuge.

Ainsi, je suppose un vent équivalent à une force de 100 kilos, soufflant dans la direction de la flèche qui est à bâbord de la figure n° 5. Je ne puis *annihiler* en tout ou en partie cette force propulsive latérale par une *résistance de poids* que j'opposerai au vent, ou *par un point fixe servant d'appui matériel*: je ne pourrai que l'équipoller par la résistance d'une surface d'une grandeur telle que je chercherai a avoir *en théorie*, une résistance égale à cette force de propulsion.

Si l'angle B c' B sur lequel le vent frappe du côté de la flèche, donne en effet une force de propulsion de 100 kilos, et que l'autre angle B c' B qui est à tribord de l'aérostat offre par sa surface une résistance égale à 100 kilos, je puis espérer de résister avantageusement au vent, par la raison que j'ai donné tout-à-l'heure; c'est-à-dire, que l'équilibre étant établi entre ces deux puissances, au moyen d'une surface égale en étendue à celle sur laquelle donne le vent du côté opposé, et l'aérostat ne pouvant pas suivre la route du côté où la résistance est la plus forte, c'est-à-dire, suivre la direction du vent, marchera nécessairement dans le sens de celle où il y en a le moins, c'est-à-dire en en avant.

Je ne ai point à craindre un vent fort, puisque la progression de la résistance sur chaque mètre ou millimètre de surface, croît en raison même de la force du vent, comme on l'a vu dans le tableau donné plus haut, page 27.

On objectera que le ballon sera entraîné par le courant du vent comme la boule de bois l'est par le courant de l'eau, parce qu'il n'y a pas de point-d'appui dans l'air, supérieur par sa densité à la force de propulsion venant du côté bâbord, et que dès lors, les expériences citées ne sont plus applicables.

Ceci est une grave erreur, ou du moins me paraît une erreur à laquelle j'ai répondu en disant, que l'équivalent de la plus grande densité demandée se trouve non pas dans un fluide plus dense, mais dans une surface différente par la forme et par l'étendue. En effet, si j'augmente la surface de tribord, par un rebord G plus ou moins grand, comme je l'ai figuré dans cette partie, il est évident d'après les principes posés, que si la surface est plus grande d'un côté, la résistance augmente aussi dans la même proportion, et alors je n'aurai plus à vaincre qu'une propulsion dont j'ai diminué non pas la *force*, mais changé *l'effet*, au moyen de cette surface à rebord, qui remplace la densité de l'eau sur la mer, en donnant une résistance plus grande.

Que résulte-t-il de cette disposition, l'immobilité? non, mais seulement que la résistance latérale étant plus grande que la propulsive elle-même, le mouvement se produira en avant, parce que c'est dans cette partie que se produit toujours le mouvement; en raison de ce que c'est là qu'il y a le moins de résistance de surface. Je ne vois pas de motif sérieux pour que cela n'arrive pas comme je viens de le dire, puisque la théorie et les expériences établissent ce résultat.

Je *dériverai* peut-être, mais cela arrive sur mer, si toutefois en m'élevant je n'évite pas cet inconvénient: ainsi, il ne faut pas redouter l'effet de la résistance latérale, mais celui qui se produit en avant.

J'ajouterai enfin, que plus la force centrifuge sera grande; plus celle propulsifuge horizontale le sera aussi, et plus le mouvement en avant deviendra rapide lui-même; par la raison très connue que la vitesse s'accroît en raison de la force de propulsion. C'est ce qui se voit tous les jours; c'est ce que les expériences rapportées ont établi, que l'accélération du mouvement répond et doit répondre à la force même qui est imprimée. Il n'y a pas besoin de démonstration pour cela, parce que cela est au-dessus de toute démonstration.

Or, comme la résistance s'accroît en raison de la force de propulsion, quand bien même la surface latérale opposée au vent ne serait que de 90 kilos, je suppose, la résistance augmentant en raison de la vitesse, il y a encore équipollence ; et alors je marche en avant.

Je dois marcher avec d'autant plus de facilité que le ballon est pourvu d'un mécanisme, *très accessoire* selon moi, je veux indiquer les hélices qui l'entraînent et le poussent, puisqu'il y en a une en avant, et l'autre en arrière. Alors, si la force centrifuge contraint le ballon à marcher dans le sens où il y a le moins de résistance ; s'il en est de même de celle propulsifuge horizontale ; s'il y a en outre la force des hélices, il est impossible que le mouvement ne se produise pas dans le sens déterminé.

Là n'est pas la question me dira-t-on ; elle est dans ce mot, *la direction*.

Je réponds que la difficulté, toute grande qu'elle puisse être aujourd'hui, est véritablement solue, puisque je m'avance dans un sens déterminé, et qu'alors, avec le gouvernail, je me dirigerai vers le point que je voudrai atteindre, parce qu'il n'y a pas de raison pour que cela ne soit pas dans l'air comme sur la mer; et surtout parce que dans l'air, je puis au besoin trouver le calme à des hauteurs déterminées; et, qu'avec le calme, si je n'ai pas pour marcher vers le but, la force propulsifuge horizontale, celle du vent, j'aurai celle centrifuge et la puissance plus ou moins grande des machines.

Voila tout ce que j'avais à dire sur la théorie de mon système de la direction des aérostats. Il me sera sans doute permis en finissant de parler brièvement de celui d'un compétiteur, M. Camille Vert.

POISSON VOLANT

de **M. Camille Vert**.

Il est presque toujours très mal séant de se livrer à des critiques contre ce qu'un inventeur a pu dire ou proposer sur un sujet analogue à celui dont on entretient le public; parce que, quand bien même cette critique serait plus ou moins fondée, même très-fondée, les observations peuvent avoir le caractère d'une envie mal déguisée, lorsque cependant la forme avec laquelle on les présente est exempte de toute vivacité.

C'est donc pour moi un motif sérieux d'être très réservé dans ce que je vais dire sur le poisson volant que beaucoup de personnes ont pu voir manœuvrer à Paris, au Palais de l'Industrie.

Assurément, la forme n'est pas nouvelle, car elle a été fréquemment proposée par tous ceux qui se sont occupé de la direction des aérostats. Il en est de même de tous les détails qui constituent cette machine, sans en excepter le moyen à l'aide duquel M. Vert veut comprimer le gaz afin de diminuer le volume de l'aérostat et le rendre plus facile à faire mouvoir.

Une chose m'a frappé dans l'expérience dont j'ai été témoin; c'est que l'inventeur commence par équipoller la force centrifuge par celle centripète; et, c'est dans cet état d'équilibre, qu'il cherche à faire mouvoir son balon, à le diriger ; *de sorte que, même pour s'élever, il a besoin d'un mécanisme ;* et que, pour combattre l'effet de la force centrifuge, dans le cas où l'aérostat viendrait à être allégé d'un poids plus ou moins considérable, il faut que la force du mécanisme soit seule en état de lutter avantageusement avec la force centrifuge qui augmentera sans cesse au fur et à mesure que l'on jettera du lest, à moins que l'on ne perde du gaz, ce qui est une perte de temps, d'argent et de forces, par conséquent un système vicieux.

L'aéronaute a donc perdu tous les avantages que l'on doit tirer de la force centrifuge, dont il ne sait ni ne peut faire aucun usage, puisqu'il est obligé de toujours ramener à l'état d'équilibre les forces centrifuge et centripète, ce qui est purement et simplement l'ancien système, tandis que la base du mien tend à conserver celle centrifuge pour en faire usage.

Pour les personnes qui examineront attentivement la forme et le mécanisme du poisson volant qui révèlent tout le système de l'inventeur, *puisque le mouvement ne s'opère qu'à l'aide d'un mécanisme,* on pourra se convaincre très-facilement que, cet habile ingénieur ne s'est nullement préoccupé de l'étude de l'atmosphère ; de son poids, de sa densité; de la résistance que l'air présente aux surfaces ; de l'effet du vent auquel il faut résister aussi, et de tous les points divers que j'ai cru devoir aborder dans ce travail. Aussi, me paraît-il, au moins douteux, que cet appareil aérostatique puisse subir l'épreuve d'une expérience faite en plein air ; car, jusqu'ici, il n'a été expérimenté que dans des conditions favorables qui n'ont pas rendu évidents les défauts essentiels que cette invention me parit avoir.

Tous les annexes du poisson volant ne sont pas nouveaux :

Les plans inclinés ont été proposés plusieurs fois; nous allons en parler en examinant la machine de M. Van-Hecke, et l'expérience faite à Bruxelles le 27 septembre 1847. Ces plans inclinés ont pour effet, lorsqu'on les fait mouvoir, ou plutôt quand on les relève de bas en haut, de forcer l'aérostat à *joindre au mouvement horizontal en avant, un mouvement ascensionnel progressif ; et, quand on veut descendre, on doit incliner les plans en sens contraire.*

Quant à la machine destinée à produire la vapeur, elle est trop connue pour discuter l'invention ; mais j'aimerais tout autant avoir continuellement un brasier ardent placé au-dessous d'un tonneau rempli de poudre. Rien ne me paraît plus angereux ; et, par conséquent, rien selon moi ne doit être proscrit avec plus de soin qu'un appareil locomoteur de cette espèce, qui présente en outre l'inconvénient de nécessiter des approvisionnements de combustible et d'avoir un poids considérable pour un grand aérostat.

Une expérience a été faite devant l'Empereur, qui a autorisé la construction d'un aérostat ayant des dimensions beaucoup plus considérables, afin d'en faire une autre publique à Paris, en suivant le cours de la Seine.

J'attendrai celle qui est annoncée depuis près de deux ans, non pas pour me prononcer ; car, dès ce moment, j'ai la persuasion que la réussite ne couronnera pas l'expérience que l'on veut tenter, parce que cette machine ne me paraît avoir aucune des conditions essentielles, pour parer à tous les inconvéniens que la direction des aérostats a présenté jusqu'à ce jour.

La forme est modifiée, voilà tout ; mais la théorie pour la direction régulière n'a pas été aperçue ; les obstacles sont tout aussi insurmontables qu'ils l'étaient avec la forme et l'ancien système ; et rien n'annonce, par la forme actuelle, que l'inventeur soit en état de les vaincre.

⚜

MACHINE

de MM. Van-Hecke et Van-Eeshen.

Je viens de dire que sous le rapport de l'invention de la *forme*, il n'y avait rien de nouveau dans ce poisson volant de M. Camille Vert ; j'ai dit aussi que les hélices, et j'ajouterai maintenant que les plans inclinés ne sont véritablement pas une invention.

Je vais établir ces faits en parlant de la machine de M. Van-Hecke, dont on en a fait l'expérience à Bruxelles.

Voici la description de cet appareil.

« Le docteur Van-Hecke, place ses aéronautes dans » une caisse rectangulaire, à claire-voie, de 1m. » 50 de long, sur 1 m. 15 de large, suspendue à » quelques mètres au-dessous du ballon, (forme » sphérique) et aux angles de laquelle sont fixés » quatre appareils locomoteurs.

» Chacun de ces appareils consiste dans un axe » de rotation vertical, traversé par deux tiges en » acier qui se coupent à angle droit dans un plan » perpendiculaire à l'axe. Deux ailes en soie, for» tement tendues sur un encadrement carré en » acier, de 0 m 50 c. de côté, sont attachées aux ti» ges sus-mentionnées, symétriquement de part » et d'autre de l'axe, et dans une situation oblique » à celui-ci.

» Le côté supérieur de ces ailes est fixé le long » de l'une de ces tiges ; le troisième angle est re» tenu à distance de l'autre tige par un lien » inextensible ; et le quatrième, c'est-à-dire, l'an» gle extérieur le plus rapproché de l'axe, n'est » attaché à celui-ci que par un lien élastique qui » permet à l'aile de varier dans certaines limi» mites en inclinaison et en courbure, suivant la » force de rotation qu'il est nécessaire de dévelop» per.

» Nous devons remarquer que cette élasticité » dans tout le système, cette liberté laissée aux » ailes pour changer de forme et d'inclinaison dans » les conditions diverses de leur action, constitue » une innovation réelle dans l'emploi des roues » à réaction.

» Le mouvement rotatoire est imprimé à la fois » aux axes des deux appareils, par l'intermédiaire » d'une courroie sans fin qui s'applique d'une part » sur la gorge d'une grande roue verticale sur la» quelle est adaptée une manivelle.

» Selon le sens dans lequel on fait tourner la » manivelle, tout le système tend à s'élever ou à » descendre, *sans modifier en rien la marche que* » *lui imprime dans le sens horizontal les divers* » *courants que l'on est obligé de traverser.* »

Telle est la description très-sommaire de l'appa-

8.

reil locomoteur du docteur Van-Hecke. Mais que l'on veuille bien faire attention à une chose, c'est que cet appareil appliqué à un *ballon sphérique*, pouvant s'élever ou s'abaisser à volonté, n'agit en aucune manière en ce qui concerne la direction horizontale, puisque, comme je viens de le dire, cette possibilité ne modifie en rien la marche qui est imprimée par un courant d'air; et, qu'alors, cette innovation ne consiste purement et simplement qu'en un moyen mécanique pour s'élever ou s'abaisser.

Voici, d'après M. Babinet, quels sont les résultats qu'offre cette machine.

» M. Van-Hecke a cherché dans un moteur arti-
» ficiel, une force capable d'élever ou de déprimer
» l'aérostat à volonté; et, il s'est adressé naturelle-
» ment à l'un de ces moteurs qui, tels que les ailes
» d'un moulin à vent, l'hélice, les turbines, etc.,
» transforment, sans réaction latérale, un mouve-
» ment rotatoire en un mouvement rectiligne sui-
» vant l'axe, ou réciproquement.

» Un appareil analogue, à ailes gauches, a été
» mis sous les yeux de la commission; et, par sa réac-
» tion sur l'air, a produit facilement une force
» ascensionnelle ou descensionnelle de 2 à 3 ki-
» logrammes, ce qui avec les quatre moteurs pareils
» que M. Van-Hecke adapte à sa machine dans sa
» nacelle, constituerait une force d'environ dix à
» douze kilogrammes. Ajoutons, que cet effet loin
» d'être exagéré, a été obtenu sans grand effort
» avec des voiles à peu près carrées, dont la dimen-
» sion était seulement de 0 m, 50 de côté; aussi,
» rien n'empêche d'admettre qu'avec une puissance
» suffisante, on pourrait arriver à se procurer par
» ce procédé 50 ou 60, ou même 100 kilogrammes
» de lest ascendant ou descendant·».

M. Van-Hecke n'est pas le seul qui ait songé à ce moyen de s'élever ou s'abaisser, il a eu un compétiteur à Bruxelles même, c'est M. Van-Eschen, dont le système diffère de celui de M. Van-Hecke, en ce que le premier *renonçant à toute tentative de résister à l'impulsion des courants, ou de modifier la direction qu'ils font prendre au ballon, ne vise qu'au moyen de s'élever on s'abaisser à volonté dans l'atmosphère,* pour se porter ou se maintenir dans un courant qui le rapproche naturellement du point où il veut aborder; tandis que M. Van-Eschen, comptant aussi peu sur l'existence de courants favorables que sur le secours qu'ils peuvent offrir à l'aéronaute, persiste à vouloir imprimer à son vaisseau une direction constante, à se diriger ou à se maintenir dans la route qu'il veut suivre, quelles que soient, la hauteur, la direction ou l'intensité des courants dans lesquels il se trouve.

Voici la description de l'appareil Van-Eschen.

On l'établit dans une nacelle, ou plutôt un panier cylindrique de 1 m. 30 de diamètre et à peu près autant de hauteur, suspendu à distance au-dessous du ballon (forme sphérique) dans laquelle se placent les navigateurs aériens.

A cette espèce de nacelle sont adaptés les accessoires ci-après.

1° Au centre, un axe vertical, ou mât en fer de 0 m. 02 d'épaisseur, sur 2 m. 50 de longueur, pouvant tourner sur un pivot, et traversé vers son milieu par l'axe d'une roue motrice à gorge, de 0 m. 80 de diamètre, munie de sa manivelle:

2° Plus haut et dans le sens vertical de cette roue, sont montées sur un chassis, symétriquement de part et d'autre du mât, deux petites roues à gorge, reliées à la roue motrice par une courroie sans fin, dont les axes tournant horizontalement, doivent entraîner dans cette rotation les ailes ou voiles à réaction.

Ces ailes sont au nombre de trois sur chaque axe; elles sont en soie, et disposées de manière à pousser toujours le vaisseau du même côté, quel que soit le sens dans lequel on fasse tourner la manivelle et les axes.

Cette partie du système propulseur, est montée à charnière, dans le cas où l'on voudrait accidentellement s'élever ou s'abaisser à volonté: par ce moyen, Van-Eschen croit pouvoir donner une légère inclinaison aux ailes qui peu s'étendre à 10° avec l'horizon.

3° Au bord supérieur du panier est appliquée une roue dentée, ou crémaillère, sur laquelle engrène un petit pignon à manivelle, destiné à changer à volonté la direction de tout le système propulseur en le faisant pivoter avec le mât auquel il est invariablement fixé.

Cet appareil composé d'ailes flottantes, transmet toujours son action dans le même sens, eu égard aux axes de rotation de quelque côté que l'on fasse tourner ces axes.

RÉSULTAT DE CES DEUX SYSTÈMES.

M. Van-Hecke, qui ne veut que monter ou descendre à volonté, dirige invariablement sa force motrice dans le sens vertical.

M. Van-Eschen, dispose ses appareils de manière à avancer horizontalement, et ne semble avoir avisé à un moyen d'incliner son système propulseur dans un sens ou dans un autre, que pour se ménager la faculté d'éviter au besoin d'être accidentellement ramené trop près ou emporté trop loin de la surface de la terre.

L'appareil Van-Hecke, agit en sens *réciproque*, c'est-à-dire qu'il tend à faire monter ou descendre verticalement, et à peu près avec la même force, selon le sens dans lequel on tourne la manivelle de la roue motrice.

L'appareil Van-Eschen, transmet toujours son

action dans le même sens, eu égard aux axes de rotation, de quelque côté que l'on fasse tourner ces axes.

L'un est indépendant de la direction des vents; celui de Van-Eschen, est soumis à cette direction dans ce sens qu'il faut un gouvernail puissant pour lutter contre leur force. Il n'en faut par pour l'appareil Van-Hecke, puisqu'il n'est destiné qu'à monter ou descendre.

Tels sont ces deux systèmes : je ne puis me permettre que de très-courtes observations. Tous deux sont incomplets, et les deux inventeurs n'ont étudié ni l'un ni l'autre, l'atmosphère, les lois de résistance des surfaces; et de plus, ils ne se sont rendu aucun compte des forces centrifuge et centripète, et du parti que l'on devait en tirer : par conséquent,

ni l'un ni l'autre ne peuvent servir à la direction, parce qu'ils n'ont pas étudié les inconvénients qui résultent de la forme ordinaire des ballons. De plus ils ont placé leur force motrice dans la nacelle pour entraîner le ballon, tandis qu'il fallait faire tout le contraire.

Tout ce que je viens de dire prouve combien a été grande ma préoccupation sur tous ces points divers: aussi ai-je donné comme accessoire à mon système, tout ce qui, selon les principes établis plus haut, doit et peut servir à détruire ou faire disparaître les résultats des fautes, j'oserai prononcer ce mot, que l'on a commises lorsque l'on a voulu aborder cette fameuse question de la direction des aérostats.

RÉSUMÉ GÉNÈRAL

Des principes théoriques des seconde et troisième partie.

Resistance des surfaces sur l'air.

Elles sont en raison de leur forme et de leur étendue. Il est reconnu que les sphériques sont celles qui offrent le moins de résistance : les concaves qui en donnent le plus.

Par rapport à la vitesse des corps.

La résistance est proportionnée au carré de la vitesse ; il suit de là que le vent violent n'est pas un obstacle à la marche des ballons dans une direction déterminée, si l'on sait employer convenablement la résistance offerte par une surface : il faut seulement en calculer l'étendue, en fixer la forme eu égard à l'effet à produire.

Par rapport à l'étendue des surfaces.

Les uns disent qu'elle est seulement proportionnée à l'étendue des surfaces qui l'éprouvent, d'autres qu'elle croît proportionnellement à cette étendue; cette dernière observation repose maintenant sur un fait acquis.

Par rapport à la densité de l'air.

La résistance des surfaces est proportionnée à la densité du fluide auquel on les oppose. La densité de l'air variant selon les hauteurs, il s'en suit que cette densité n'est pas toujours et partout la-même; et que la résistance variera aussi selon la hauteur.

La densité se trouve donc être une des bases de la résistance et du moyen d'en calculer les effets.

D'où suit que selon la nature et l'étendue des surfaces opposées à l'air, ou à une force centrifuge, centripète ou propulsive horizontale, la résistance varie eu égard à la forme de la surface au moyen de laquelle on crée cette résistance; à son étendue, comme de la vitesse qui lui est imprimée, quelle qu'en soit d'ailleurs l'origine.

Application aux ballons.

Que par rapport à la direction des aérostats, une surface prismatique triangulaire ayant des côtés plans, dont le sommet serait fixé aux côtés d'un ballon, de manière à créer des angles en dessus, en dessous et latéraux d'un aérostat à forme allongée, prisme dont la base serait ouverte, formant par conséquent une surface concave triangulaire, doit produire une résistance proportionnée à son étendue, à sa forme, qui doit varier selon la force de propulsion et la vitesse de l'aérostat qui porte cette surface.

Ce sont ces principes qui doivent servir de bases dans la construction d'un ballon. Le résultat en est immense: car, un ballon muni d'un appareil de cette nature, exposé à la propulsion du vent, s'en servira utilement pour marcher vers un but déterminé, si l'on sait lui opposer une résistance convenable.

Résultat capital de la force centrifuge.

C'est que les ballons munis d'une surface triangulaire supérieure, ont en eux-mêmes un principe, un moyen de locomotion tendant à la direction.

C'est que la résistance que l'on oppose à cette force centrifuge, loin de nuire à la locomotion, la favorise au contraire pour aller vers un but déterminé, selon la forme que l'on donnera à la surface qui doit le produire.

C'est aussi que, quel que soit le poids soulevé par un ballon, celui-ci conserve toujours une force centrifuge, tant que cette dernière ne sera pas complettement annihilée par un poids supérieur à sa puissance totale.

Principe applicable aux forces centripète et centrifuge.

La force centripète peut être dominée par le même moyen employé pour surmonter celle centrifuge. Par l'application du principe des parachutes, un mètre de surface donne une résistance utile de 1 kilo; si à ce principe de résistance d'une surface telle que celle dont je viens de parler, je joins un moyen mécanique tendant à élever ou déprimer à volonté le ballon, dont la puissance sera au moins égale à celle de la force centrifuge non équipollée; j'aurai obtenu l'équilibre mécanique accidentel nécessaire pour monter ou descendre.

Application à la force propulsifuge horizontale.

Si le vent en donnant dans la surface d'un appareil triangulaire présentant une étendue de cinquante mètres, m'expose à suivre la direction qu'il suit lui-même parce que je n'aurai pas opposé une surface à celle dans laquelle le vent frappe, la direction devra changer évidemment si de l'autre côté de l'aérostat, je lui oppose une surface pareille en étendue qui devra produire une résistance de cinquante kilos.

La résistance augmentera selon la forme et l'étendue de la surface. L'effet produit sera aussi le même; et dans cette matière, il est d'une immense importance, puisqu'il crée en quelque sorte, ou du moins il fait ressortir et apparaître un grand principe qui est celui-ci.

Principe résultant de la résistance des surfaces concaves triangulaires à rebord, en ce qui concerne la direction.

Tendance naturelle pour l'aérostat à éviter la plus grande résistance pour aller dans la direction où il y en a le moins.

Effet produit

C'est de faire glisser la surface qui présente le plus de résistance sur la masse d'air qui ne peut être refoulée tout d'un bloc, et qui ne pouvant repousser le ballon vers son point de départ, celui du vent, le force ainsi à marcher en avant.

Cela vient de ce que, l'immobilité étant impossible et n'étant pas le but cherché; qu'elle est dans ce cas contre les lois de la nature, il faut, alors que le ballon se meuve, s'avance dans la direction où il y a le moins de résistance par suite des efforts produits par les forces centrifuge centripète et propulsifuge horizontale, combinées selon les circonstances avec les effets de résistance que produisent les surfaces opposées à ces forces.

État de l'air par rapport aux résistances.

L'expérience a prouvé que la tranquillité de l'air varie selon les hauteurs.

A la surface de la terre il y a ordinairement perturbation: à une certaine hauteur, il y a courant régulier; on y trouve aussi le calme plat.

Mais partout il y a résistance sur les surfaces: comme aussi résistance par suite de la masse d'air à déplacer, ce qui n'est pas tout à fait la même chose. La surface agit sur cette masse, et réciproquement celle-ci sur les surfaces.

Conditions dans lesquelles le mécanisme moteur doit agir.

De là naissent les conditions d'un bon mécanisme.

Pour que le mécanisme servant ou devant servir à la direction d'un ballon puisse agir avec efficacité; qu'il soit libre dans son action, il faut trouver l'équilibre: il est de nature diverse.

1° Celui qui sert à neutraliser la force centrifuge;

2° Celui qui sert à neutraliser la force centripète;

3° Celui qui sert à neutraliser la force propulsifuge horizontale.

Sans cela le ballon que l'on veut diriger, a tous ces obstacles à vaincre; et de plus, le déplacement de l'air à effectuer, puis le mouvement à donner.

Lorsque l'on veut diriger un ballon sans avoir pourvu à ces conditions, un double résultat est inévitable c'est l'impuissance, l'impossibilité. C'est aussi ce que l'on a éprouvé jusqu'à ce jour; parce que jusqu'à ce jour on n'a pa songé à vaincre ces difficultés, et que l'on a voulu diriger les ballons sans les avoir surmontées.

Peuvent-elles l'être? la chose est-elle possible? oui :

Alors dans cet état, le mécanisme, s'il doit agir seul, n'a plus à vaincre que la résistance du volume d'air à déplacer.

Tout le monde sait que l'air est excessivement mobile.

Le calcul doit alors donner facilement le moyen d'obtenir par la résistance des surfaces;

1° l'équilibre à la force centrifuge;

2° Celui de la force centripète;

3° Celui de la force propulsifuge horizrntale.

4° La force du mécanisme pour vaincre la résistance du volume d'air à déplacer,

Autre condition pour la locomotion.

L'équilibre obtenu n'est qu'une condition; il faut que les moyens employés pour l'obtenir servent eux-mêmes à la locomotion : il faut non seulement que les obstacles, ceux-là-mêmes que l'on oppose aux forces centrifuge, centripète et propulsifuge pour obtenir l'équilibre, concourent au mouvement du ballon; mais encore qu'ils deviennent le moyen principal du mouvement et de la direction.

Le mécanisme n'est qu'un accessoire.

Le mécanisme n'est et ne doit être considéré que comme un accessoire très-important il est vrai, déterminant ou concourrant en quelque sorte avec le gouvernail lui-même à prendre la ligne à suivre pour aller d'un point à un autre.

Il ne doit pas être pris comme un moyen principal devant à lui seul vaincre tous les obstacles que j'ai signalés; mais comme un simple accessoire, le principal se trouvant et devant se trouver dans l'emploi des obstacles provenant des surfaces présentées aux forces centrifuge, centripète et propulsifuge.

Création du mouvement par les surfaces.

Il faut créer le mouvement vers un but par la résistance des surfaces, combinées avec les forces ci-dessus.

Celles que l'on éprouve dans

tous les sens, doivent devenir la base de la direction de l'aéros-tat. On y trouve plusieurs avantages :

Ne pas perdre de force,

Faire le bien en évitant le mal, et en se servant de celui-ci pour faire le bien.

Résultat de ces principes.

C'est de conduire à la forme que l'on doit dorner à tout un appareil aérostatique par l'étude des résultats produits par la forme des surfaces, et leur force de résistance.

Où doit être placé le mécanisme.

Il doit être placé, adapté au ballon lui-même et non pas à la nacelle. Ce n'est pas à une chaloupe que l'on adapte un mécanisme pour remorquer un gros vaisseau; mais à celui-ci, parce qu'il peut facilement remorquer une chaloupe.

Effet des résistances sur l'eau.

Le résultat des résistances d'une surface contre un obstacle quelconque, c'est la marche par le côté qui offre le moins de résistance, c'est un effet très-connu sur l'eau.

Dans l'air.

L'effet doit être le même, parce que les principes sont les mêmes; que les conséquences doivent être les mêmes; qu'elles sont réellement les mêmes, en raison de ce que tous les éléments sont les mêmes; c'est que dans l'air comme sur l'eau le mouvement se produit par le côté et dans la direction où il y a le moins d'obstacles à vaincre.

Si cela est incontestable et incontesté, que doit-il arriver pour les ballons ?

Résultats pour la direction des ballons.

L'aérostat ordinaire, sphérique, qui s'élève dans l'air décrit une parabole ascensionnelle en obéissant à la force centrifuge et à celle du vent, cela se voit tous les jours, parce que dans la partie supérieure de l'érostat il n'y a rien qui fasse résistance à la force centrifuge et à celle du vent sur le côté.

Ces deux forces peuvent être dépassées; neutralisées même complettement, soit par des poids supérieurs à la force centrifuge; soit par une surface plus grande dont la résistance est supérieure à la force propulsifuge du vent.

Cela donne l'équilibre contre ces deux puissances.

L'équilibre trouvé, le ballon ne reste pas stationnaire, comme lorsque la force centrifuge est dépassée par une force centripète.

Distinction entre les forces équilibrées et la force annihilée.

Il faut donc faire une distinction capitale entre une force *annihilée* par un poids supérieur, qui fait sombrer le ballon en quelque sorte, puis qu'il est dans l'impuisance de s'élever; et une force *équilibrée*, *équipollée* par une résistance dont la puissance est calculée par et sur l'étendue d'une surface.

Effets et résultats.

Dans le premier cas, la force centrifuge étant dépassée c'est comme si elle n'existait plus, le ballon devient *inerte* il ne *peut* plus vaincre la force centripète : la force centrifuge a beau vouloir obéir à sa nature qui est d'élever l'objet que l'aérostat contient, celui-ci ne peut le faire, parce qu'il y a infériorité de force et que le plus faible ne peut agir.

Dans le second cas, la force centrifuge étant seulement *équipollée*, elle ne cesse pas d'agir et de produire effet parce qu'elle *peut* agir. Le résultat de l'équipollence entre la résistance offerte par une surface déterminée et la force centrifuge, c'est le mouvement, la marche du ballon dans la direction et par le côté qui offre le moins de résistance.

Vitesse de la marche.

La rapidité de la marche dans ce cas, dépendra de la proportion de la force centrifuge pouvant agir, comparée avec la résistance des surfaces et les effets qu'elle peut produire.

La vitesse sera augmentée de toute la force de la propulsion du vent; de toute celle du mécanisme lui-même. (1)

Résultat définitif pour la navigation aérienne.

C'est d'obtenir la locomotion horizontale, indépendamment de de tous moyen mécanique : c'est-à-dire, c'est la direction elle-même des aérostats.

Comparaison de la force centrifuge.

La force centrifuge est l'équivalent d'un vent plus ou moins fort, soufflant continuellement de bas en haut.

Effet

L'effet, quant à la marche de l'aérostat, s'en fera ressentir dans l'exacte proportion de la force ascensionnelle qui sera conservée; comparée, mise en regard avec la masse d'air à déplacer à l'avant.

Celle-ci est en rapport avec le volume même de l'aérostat, et aussi avec la résistance qui s'augmente avec le carré de la vitesse.

Le mouvement horizontal et la direction devant être les résultats cherchés, peu importe l'origine de ce mouvement, sa cause.

Point - d'appui dans l'air donné aux surfaces.

La véritable cause, l'origine d'un point - d'appui dans l'air pour les surfaces, c'est la densité de l'air.

Ce qui supplée à la densité de l'air.

Ce qui supplée à la densité de l'air quand deux surfaces sont opposées l'une à l'autre, c'est la plus grande étendue de l'une sur l'autre, parce que le volume d'air à déplacer d'un côté étant supérieur à la quantité de l'autre, la résistance croît en proportion de l'étendue de cette surface.

Les surfaces opposées aux forces centrifuge, centripète et propulsifuge horizontale, donnent le mouvement horizontal; parce que s'appuyant sur l'air et ne pouvant surmonter tout d'un bloc son volume et sa densité, le mouvement se produit dans ce sens, parce que la force qui ne cesse pas d'agir et qui peut agir, donne forcément la locomotion du coté où il y a le moins de volume, de densité, par conséquent le moins de résistance; parce que l'immobilité est une loi contraire à la nature, à l'origine et aux principes de ces forces qui est le mouvement ascensionnel horizontal ou centripète.

Quand il y a des surfaces, la direction seule est changée, c'est aussi le but de l'invention : sans elles le ballon décrit une parabole ascensionnelle comme je l'ai dit.

Ballons ordinaires sphériques.

Pour la navigation aérienne, il ne peut pas y avoir de forme plus mauvaise pour un aérostat, que celle sphérique, parce qu'ils ne peuvent résister à rien.

Avec eux on peut s'élever, mais l'expérience a prouvé que l'on ne pouvait les diriger.

Pour les mettre en équilibre dans l'air on a employé le singulier moyen de perdre toute la force qui devrait servir, être employée à les faire mouvoir, à les diriger.

Le problème des moyens à employer pour obtenir la direction n'est pas de perdre de la force pour y parvenir; c'est de conserver toutes les forces pour s'en servir : c'est d'aller les prendre dans les obstacles non surmontés jusqu'à ce jour; c'est de

---

(1) Je vais citer deux faits pour donner une idée de la rapidité extraodinaire de la marche des aérostats dans l'air.

Le 25 Frimaire an XIII (16 décembre 1804,) la ville de Paris donnait les fêtes du couronnement. Garnerin à 11 heures du soir lança un ballon soutenant 3000 verres de couleurs allumés. Le lendemain matin à la pointe du jour les habitants de Rome virent paraître à l'horizon un globe radieux qui s'avançait et semblait venir descendre sur la ville. Il plana bientôt au-dessus de la coupole de St-Pierre et du Vatican, puis il s'abaissa et vint enfin s'abimer dans les eaux du lac Bracciano à 6 heures. — il avait donc fait près de 500 lieues en sept heures environ.

Précédemment, ce même Garnerin et plusieurs aéronautes, le 14 juillet 1801, avait fait une des plus belles ascensions connues. Le ballon partit de Paris vers les 4 heures du soir, et le lendemain dans l'après midi, ils s'arrêtèrent à l'extrémité du département du Nord, après avoir ainsi traversé dans l'air les départements de la Seine, de Seine-et-Marne, de la Marne, au-dessus duquel ils avaient longtemps flotté, et où ils s'étaient vus obstinément retenus par un calme plat; celui de l'Aisne, des Ardennes, et enfin le département du Nord. Que l'on juge donc par ces deux faits de l'énorme rapidité que l'on peut obtenir avec un ballon qui pourrait conserver toutes ses forces, comme celui dont je viens de parler. Je suis persuadé que la marche serait au moins de 50 à 60 lieues à l'heure : de sorte que pour peu que l'on fut un peu favorisé par le vent, on pourrait aller de Paris à Alger dans six ou sept heures.

se servir de ces obstacles tout en leur résistant.

En un mot comme je l'ai dit, se servir du mal pour faire le bien.

Pour cela il fallait dégager la force motrice mécanique de tous les obstacles en se servant de ces obstacles eux-mêmes pour concourir avec elle à créer le mouvement lui-même.

Tel a été mon but, tel est aussi le résultat.

Les explications que nous allons donner dans la légende sur chaque figure, quelques courtes qu'elles

soient, aideront encore à la démonstration des principes théoriques que nous avons posé dans le cours de ce mémoire ; s'il y avait quelque chose d'incomplet, malgré les répétitions que nous reconnaissons avoir faites ; ou si j'avais laissé quelque obscurité, nous aimons à nous persuader que les personnes qui se donneront la peine de lire ces dernières réflexions, n'auront plus rien à demander pour connaître à fond toute la théorie sur laquelle je me fonde pour arriver à la direction des aérostats.

J'en appelle aux expériences faites et à l'impartialité des lecteurs ; comme aussi à tous les hommes instruits qui voudront examiner sérieusement ce travail, sur lequel j'appelle vivement les critiques éclairées.

LÉGENDE DES FIGURES.

FIGURE 1re.

Charpente du ballon et de la nacelle.

AA. Arête principale de la charpente servant d'axe à la machine motrice (hélice), le diamètre est de 0,015ᵐ.

BBB. Arêtes latérales se courbant aux extrémités et allant joindre l'axe principal en *a.* sur l'avant et sur l'arrière, le diamètre est de 0,010ᵐ.

A partir des points BBB., ces arêtes se prolongent jusqu'en A. où elles joignent l'axe principal de la charpente pour former une figure conique destinée à mieux fendre l'air. On la voit tronquée sur le plan, fig. 1ʳᵉ et 3 ; et complète vue de profil dans la fig. 4.

CCCC. etc. Côtes transversales distantes de 1 m., ayant un anneau à chaque extrémité dans lequel doit passer l'arête latérale afin de mieux assujettir l'ensemble. C'est à ces anneaux et à l'arête latérale qu'est attaché le filet enveloppant le ballon afin de le garantir contre les effets de la dilatation trop forte du gaz.

bbbb. Cadre de la charpente de la nacelle au-dessous de celle du ballon. La construction se fait par les mêmes moyens. Longueur totale 28 m.,

largeur 2 m. ; dans sa plus grande profondeur 3 m.

La partie supérieure de la nacelle est garnie d'une balustrade EE. fig. 2 et 4. Les tringles et le plancher sont réunis et formés par de petites cordes sur lesquelles le plancher en carton bitumé est établi. On peut aussi se servir pour le faire d'un filet à mailles très-serrées devant servir à contenir la partie supérieure de la nacelle, qui est elle-même disposée comme un ballon afin de recevoir le gaz superfluent qui se dégage de l'aérostat par l'effet d'une dilatation trop rapide. Avec la nacelle ainsi disposée on peut remplir les ballons plus qu'on ne le fait habituellement.

CC. Emplacement du mécanisme servant à faire mouvoir les hélices placées en CC sur l'axe A de la charpente.

DD. Emplacement des deux mécanismes destinés à faire monter ou descendre le ballon.

EE. Emplacement des dégorgeoirs.

FIGURE 2.

Forme d'un ballon muni d'une nacelle, mais sans accessoires de locomotion.

L'aérostat est vu de côté.

AA. Axe de la charpente. Celle - ci est cachée dans l'intérieur du ballon.

BB. Nacelle.

CC. Emplacement du mécanisme des hélices.

DD. Emplacement du mécanisme des hélices situées en dessous du ballon. Fig. 4.

EEEE. Plancher de la nacelle. L'espace entre DD est spécialement destiné au navigateur aérien. C'est de là qu'il peut faire toutes les manœuvres, même remonter le mécanisme des hélices ou faire mouvoir les manivelles des deux machines DD.

FF. Tringles servant à attacher le filet. C'est à ces tringles que sont attachées aussi toutes les cordes qui tiennent la nacelle suspendue au filet et au ballon. Elle sont marquées fff etc.

FIGURE 3.

Aérostat vu à vol d'oiseau dans toute sa longueur.
La charpente de la figure 1re est couverte.

AAAA. Corps du ballon.

BBBB. Ailes latérales destinées à former les surfaces de résistances : elles se prolongent jusqu'en B', extrémité de l'axe principal de la charpente.

Elles sont faites avec de petites tringles de la grosseur des côtes transversales, assujetties en C' au sommet de l'angle qu'elles forment sur les arêtes latérales BB. fig. 1re, avec les côtes transversales CCC. fig. 3 et 5.

Les lignes CCC. etc. représentent autant de petites cordes passant par dessus le ballon, assujetties à chacune des tringles BB. afin de soutenir la voilure des ailes dont nous avons parlé et d'empêcher l'écartement de ces tringles BB. Celles - ci sont adaptées aux arêtes latérales et aux côtes transversales en passant par les anneaux qui se trouvent à chaque extrémité de toutes les côtes transversales. C'est sur la résistance présentée par la surface de ces ailes et la voilure, que repose une des principales bases de tout le système ; car c'est avec elles que se forment toutes les surfaces supérieures, inférieures et latérales, opposées soit à la densité de l'air, à la force centrifuge et à celle propulsifuge horizontale, pour obtenir la résistance, et par suite le mouvement et la direction du ballon.

On peut se faire une idée de l'extrême importance de cette partie de l'appareil en dessus du ballon, par exemple, puisque c'est par l'effet de la résistance des surfaces opposées à l'air que la force centrifuge, *non annihilée, est équipollée* afin de servir à la locomotion du ballon. On voit, par la fig. 5, la disposition qu'elles ont dans les angles supérieurs BC'E, et l'effet qu'elles doivent produire d'après la théorie et les expériences.

Il en est de même de l'angle BC'B qu'elles forment sur les côtés pour résister à la propulsion latérale du vent. Fig. 5.

Ces ailes latérales sont en réalité beaucoup plus grandes qu'elles ne le paraissent dans la fig. 3, car il ne faut pas perdre de vue qu'une surface dont la position est oblique par rapport à celui qui la voit à vol d'oiseau, n'apparaît que selon l'étendue que laisse apercevoir l'obliquité de la position de l'objet, et non pas selon la surface véritable. La fig. 5 indique par la ligne BD. angle supérieur, la quantité de surface que l'on peut réellement apercevoir. Le prolongement de ces ailes va jusqu'en bbbb, extrémité de la charpente. DD nacelle vue aussi à vol d'oiseau, on n'en aperçoit que les extrémités. Les lignes ponctuées indiquent sa position au-dessous du ballon, comme on la voit dans les fig. 2 et 4. Ces mêmes lettres montrent l'emplacement du mécanisme destiné à faire mouvoir les hélices.

Les cordes CCC. etc. se prolongent jusqu'en E, sommet du ballon, fig. 3 et 5, où elles sont attachées au filet afin d'empêcher l'écartement de ces ailes ; on voit leur disposition dans la fig. 5. Ces ailes sont fixes. La voilure est mobile.

FIGURE 4.

Aérostat vu par le côté ainsi que la nacelle, avec les détails du mécanisme.

Le corps du ballon serait vu par l'un de ses côtés comme dans la fig. 2, mais il est entièrement caché par les ailes qui présentent le développement complet des angles BC'B de la fig. 5.

A. Arête principale de la charpente marquée A. dans les fig. 1, 2, 4, 5. Dans la fig. 4, elle paraît occuper par rapport à la personne qui regarde le dessin, l'emplacement de l'une des arêtes latérales B de la chapente, fig. 1, sur lesquelles viennent s'appuyer les côtes transversales et la charpente des ailes en C', fig. 5.

BBBB. Ailes vues dans tout leur développement avec le prolongement conique sur l'avant et sur l'arrière jusqu'en b.

La forme de ces ailes dans leur ensemble est celle d'un angle rentrant dont le sommet touche aux arêtes latérales B, fig. 1re, comme on le voit des deux côtés du ballon tracées par les lignes BC'B, fig. 5.

CCCC est le point de départ des cordes CCC de la figr 3. Dans cette dernière, les cordes CCC passent par dessus le sommet du ballon ; dans la fig. 4 elles suivent la ligne C partant des points BB de la fig. 5 formant l'angle latéral BC'B.

CC', CC', etc. Cordes tendues pour soutenir la voilure dans les ailes : elle est divisée par parties de 2 mètres, afin que la manœuvre soit plus facile sur une longueur aussi considérable que celle des ailes qui est de 24 m., et 28 en comptant les prolongements coniques de B. en b. Dans ce prolongement la voilure est fixe. La destination de ces cordes est aussi d'empêcher l'écartement des tringles BB formant l'encadrement des ailes ;

9.

comme les cordes CCC. etc. empêchent celui des ailes elles-mêmes, ce qui arriverait infailliblement par le seul effet de la résistance de l'air.

DD. Nacelle vue de côté, dans sa plus grande longueur, fig. 4; fig. 2, BB.

EEEE. Plancher de la nacelle. fig. 2; et ELLE fig. 4. *ee* bords de la balustrade retenue également par un filet afin que l'aéronaute ne soit pas exposé à une chute; ce bord n'ayant que 0 m. 60 c. environ de hauteur.

FF. Tringles auxquelles viennent se rattacher les cordes *fff* du filet enveloppant le ballon, fig. 2. Elles servent à soutenir la nacelle qui suit ainsi forcément tous les mouvements du ballon. Dans les fig. 4 et 5, ces lignes ne sont pas représentées afin d'éviter quelque confusion.

GG. Emplacement du mécanisme servant à faire mouvoir les hélices, fig. 4; et CC fig. 2.

HH. Hélices dont le moyeu est muni d'une petite roue à gorge *g* sur laquelle s'enroule une corde sans fin *g'* qui passe également sur la roue à gorge *g''* adaptée au mécanisme lui-même. L'emplacement du mécanisme n'est pas marqué dans la fig. 3, seulement dans celle 4. Dans celle-ci on voit l'hélice et son étendue, qui donne une idée de sa force, tandis que dans la fig. 5 on ne voit que le cercle qu'elle peut décrire en tournant.

D'après les proportions de ces figures, l'hélice aurait près de 3 mètres de diamètre, c'est-à-dire, plus que celui que l'on donne à un vaisseau de ligne de 120 canons. Sa dimension est donc beaucoup plus que suffisante, si même elle n'est pas trop grande.

La dimension des roues à gorge est également marquée par les cercles *gg''*, fig. 5, tandis qu'on ne les voit que de profil dans celle n° 4.

I.I. Emplacement d'un mécanisme que l'on fait tourner à volonté au moyen d'une manivelle *i* pour mettre les hélices horizontales I'I' en mouvement. La destination est de faire monter ou descendre le ballon selon le besoin.

J.J. fig. 4 et GG. fig. 2. Dégorgeoirs du gaz communiquant de l'intérieur du ballon avec celui de la nacelle. La très-grande utilité de ces deux parties est basée sur ce que par suite d'une ascension rapide, le gaz éprouvant une dilatation considérable avant qu'il se soit mis en équilibre de température avec l'air ambiant dans lequel il est plongé, qui est beaucoup moins dense dans les parties élevées de l'atmosphère; il arrivait autrefois que pour éviter les lacérations plus ou moins considérables du ballon, on était forcé d'ouvrir la soupape de sûreté pour évacuer du gaz; alors celui-ci était perdu et les expériences étaient plus courtes; mais avec cette précaution de le recevoir dans la nacelle, il peut rentrer plus tard dans le ballon, quand l'équilibre élastique ou de température s'est

rétabli, sans que l'aéronaute ait rien perdu de la force centrifuge, chose très-essentielle à observer et à ménager, puisqu'avec sa conservation on peut prolonger presqu'indéfiniment les expériences aérostatiques.

JJ'. Dégorgeoir de la nacelle : pour le cas peu vraisemblable d'un trop plein en JJ', il y a une soupape de sûreté que l'aéronaute ouvre à volonté.

K. Soupape de sûreté manœuvrée au moyen d'une corde K' que l'aéronaute peut toucher quand il veut.

Les soupapes de sûreté dans les anciens aérostats étaient le seul moyen employé pour s'élever ou s'abaisser à volonté en perdant du gaz ou en jettant du lest. Ce système me paraît vicieux, mais il ne s'en suit pas de là que la soupape ne soit pas nécessaire dans des cas dont je vais parler.

En effet, comme dans l'emploi d'un aérostat construit d'après la théorie développée, il peut arriver que l'on soit forcé de s'arrêter pendant un laps de temps plus ou moins prolongé, soit pour renouveler des provisions, soit pour reprendre des matières incendiaires dont on peut si facilement faire usage avec cet aérostat. Dans le cas d'insuffisance de forces de réaction des deux hélices horizontales, il faut donc trouver un moyen de se rapprocher de la terre dans l'un des cas suivants :

1° Pour reprendre des matières incendiaires dont on aurait lesté la nacelle; 2° pour s'arrêter au terme d'un voyage plus ou moins prolongé.

Dans le premier cas, je suppose que pour aller brûler Londres, Manchester, Liverpool, Birmengham, Glasgow, Edimbourg ou Portsmouth, Plymouth, etc., etc., ou pour détruire Greenwich, je suppose, dis-je, que la force centrifuge soit devenue plus forte de 500 kilos, parce que l'on aura jeté 500 kilos de bombes incendiaires qui formaient une partie du lest, puissance centripète déposée dans la nacelle. J'admets ensuite que la surface des ailes ne donne qu'une puissance calculée de 200 kilos au maximum de résistance; et, que la force attractive des deux hélices horizontales I'I' ne soit égale qu'à 200 kilos de réaction; il en résultera évidemment que la force centrifuge étant devenue supérieure de 300 k., il devient alors d'absolue nécessité de perdre du gaz pour diminuer cette force centrifuge, et rétablir l'équilibre entre la force de réaction centripète des hélices I'I' et la force centrifuge. Alors le seul moyen est d'ouvrir la soupape de sûreté K pour lâcher du gaz dans une proportion équivalente à la différence entre la force centrifuge et celle centripète. Ces deux forces ainsi équipollées par cette perte de gaz devenue nécesssaire dans une telle circonstance, et *pour un pareil but*, les hélices dont la force de réaction est de 200 kilos me rapprocheront de la terre et l'aérostat va où je veux le conduire. Si je prends de nouveaux projectiles incendiaires à Cherbourg, je suis forcé aussi d'y prendre du gaz pour retrouver la force perdue.

Cette manœuvre est tout à fait inévitable, comme il est inévitable de carguer les voiles d'un vaisseau ordinaire; de perdre la vapeur des chaudières d'un steamer; de perdre celle d'une locomotive lorsque l'on veut s'arrêter; mais aussi que l'on saisisse bien le motif qui fait agir ainsi, car il y a une immense différence dans ce système et celui qui, pour *s'élever* ou *s'abaisser* avec les anciens aérostats, consistait à jetter du lest ou à perdre du gaz. Comme il y a des moments où il faut nécessairement s'arrêter, on doit en trouver le moyen lorsque le lest a été employé comme je viens de le dire.

Dans le second cas, je suppose encore que la force centrifuge soit devenue supérieure de 300 kilos, parce qu'à la suite d'un long voyage ou pendant un long voyage, on aura progressivement perdu un lest de 300 kilos par la consommation des provisions nécessaires à l'alimentation des aéronautes; la manœuvre dont je viens de parler est également nécessaire par les mêmes motifs et parce qu'il faut s'arrêter dans le port ou dans le lieu où l'on veut aller.

Cette manœuvre sera favorisée par l'emploi de la voilure qui est sur l'avant et dont l'extrémités L. aboutit en B' sur l'avant fig. 3; et Ab fig. 4. Si je veux monter, je ramène toute cette voilure en dessous en dégarnissant le dessus, alors elle forme plan incliné en dessous qui fait monter l'aérostat dans l'exacte proportion de la vitesse de sa marche; si je veux descendre, je la ramène en dessus et l'effet est contraire, le plan incliné étant en dessus.

M. Gouvernail.

La description de cette figure se trouvant mêlée avec les précédentes, nous croyons inutile d'entrer dans de nouveaux détails descriptifs.

Les cordes C partant des points BB, extrémité des angles latéraux, sont disposées pour empêcher l'écartement de l'angle formé par BC'B. A partir du point B inférieur, elles sont attachées alternativement l'une à la nacelle même, l'autre à la tringle F qui soutient le filet enveloppant le ballon; cette disposition est prise comme étant beaucoup plus solide que si elles étaient toutes attachées aux tringles F, parce que le lest contenu dans la nacelle forme naturellement un point d'appui plus sûr.

GG. Rebords mobiles se déployant à volonté pour offrir plus de résistance à la force de propulsion venant du côté de la flèche.

HH. Corde servant à serrer les bords mobiles et à leur donner le développement que l'on veut.

Cette partie très-importante de l'appareil est fondée sur les expériences citées plus haut. En effet, dans le cas où la force propulsifuge horizontale serait de 50 kilos, je suppose, à raison de

l'étendue de la surface du côté de la flèche; si l'autre surface est égale en étendue sans les rebords mobiles, *je puis suppléer à la différence de densité du fluide, nécessaire pour trouver un point d'appui suffisant, par une différence de résistance au moyen d'une surface plus étendue;* et alors, au lieu d'être entraîné par le vent, comme la résistance est infiniment moindre sur l'avant de l'aérostat qu'elle ne l'est sur les côtés, je dois marcher en avant et non pas être entraîné par le courant du vent comme la boule de bois inerte, comme le vaisseau qui traverse un courant; tout en concédant qu'il y aura dérivation, ce qu'il est impossible d'éviter.

Ces rebords qui existent aux deux ailes, quoiqu'ils ne soient figurés que d'un seul côté, sont l'application des principes posés dans le cours du Mémoire, consistant en ceci, que les surfaces à rebord offrent plus de résistance que celles qui n'en ont pas.

Pour éviter la confusion dans le dessin, nous n'avons pas fait le tracé de toutes les petites cordes (manœuvres en terme de marine) qui servent à monter et carguer la voilure sur les ailes. Dans le principe, nous avions fait les ailes mobiles, mais il nous a paru ensuite plus convenable de les rendre fixe aux arêtes latérales de la charpente et aux parties que nous avons indiquées, parce qu'en carguant la voilure plus ou moins, on diminue aussi plus ou moins la surface, par conséquent la résistance. Il suffit donc alors purement et simplement d'avoir le moyen d'augmenter ou diminuer l'étendue des surfaces, selon que l'on veut s'élever ou s'abaisser avec l'aide des hélices horizontales dont le mouvement se combine avec cette manœuvre.

Dans le système des ailes mobiles on réunissait les ailes supérieures au sommet du ballon. Comme dans ce système et dans celui qui est toujours conservé, on voulait opposer une surface à une force centrifuge déterminée, toujours maintenue par la quantité de gaz contenue dans le ballon, il s'en suivait que lorsque les angles supérieurs BC'EC'B de la figure 5 formés par les ailes déployées et le ballon dans sa partie supérieure, étaient transformés dans un angle aigu, la résistance de cette surface entière ne se faisait plus sentir comme dans le cas de la fignre 5, et qu'alors la force centrifuge ne trouvant aucun obstacle au-dessus d'elle, le ballon montait sans le secours d'une hélice horizontale et surtout sans jeter de lest, par le seul effet de cette force centrifuge conservée et non annihilée par un poids équivalent centripète, qui donnait l'équilibre dans l'air et rendait le ballon stationnaire perpendiculairement.

Mais cette manœuvre avait un double inconvénient :

1° Celui de faire éprouver au ballon une dépression assez considérable qui pouvait avoir pour résultat de forcer à perdre du gaz, parce qu'elle pouvait avoir lieu dans un moment où la nacelle était plus ou moins pleine, et qu'alors il fallait, de toute nécessité, donner issue au gaz superfluent, ce qu'il faut toujours éviter ;

2° C'est aussi que la manœuvre occasionnait un dérangement dans les ailes ; et qu'alors, il fallait trouver un moyen d'étendre les cordes CCC etc. qui sont destinées à maintenir la régularité des distances et empêcher l'écartement des points BB de la fig. 5.

Nous avons donc préféré abandonner le système des ailes mobiles pour celui des ailes fixes, en y substituant la mobilité dans la voilure, comme elle existe dans les navires, et comme elle est pratiquée pour toutes les manœuvres.

Le résultat est le même, puisque la surface disparaissant, s'étendant ou diminuant à volonté, la résistance disparaît, augmente ou diminue aussi, selon l'étendue de la surface.

Maintenant pour descendre, la manœuvre était inverse ; les deux angles supérieurs étaient rétablis ; ceux inférieurs supprimés par la réunion des deux ailes inférieures près de la nacelle. L'effet que l'on produisait est facile à concevoir.

Le ballon ayant 50 kilos de force centrifuge et les hélices I'I'. fig. 4 pouvant produire une réaction de 100 kilos, je suppose, en raison de l'étendue de surface des ailes qui les forment, il s'en suivait que la force centrifuge neutralisée, équipollée par le rétablissement des deux angles supérieurs, il n'y avait plus, tout au moins, à vaincre la force centrifuge de 50 kilos, puisque la surface opposée à cette force, était un obstacle permanent ; et, qu'alors pour descendre, il n'y avait plus à vaincre que la résistance occasionnée par le déplacement du volume d'air occupé par tout l'appareil.

Qu'en admettant même un instant que le rétablissement de la surface des deux angles supérieurs de la fig. 5, ne produisit pas l'effet dont je viens de parler dans un mouvement de réaction centripète ; quoiqu'il me paraisse évident qu'il doive nécessairement en produire un quelconque, favorable à notre système, la force attractive de réaction centripète des hélices horizontales I'I'. étant de 100 kilos ; et la force centrifuge, dans l'hypothèse, n'étant que de 50 kilos, celle centripète dépassant de 50 kilos, devait nécessairement, inévitablement l'emporter.

Avec ce système, *en admettant que les forces restent équipollées comme au moment du départ*, il n'y a plus besoin de jeter du lest pour s'élever, ni de perdre du gaz pour s'abaisser. Tout est soumis au calcul, et à l'effet des forces mécaniques et à celles de la résistance occasionnée par des surfaces produisant des résultats certains.

L'aéronaute conservant alors toutes ses forces, toutes ses ressources, peut prolonger indéfiniment son voyage et ses expériences.

A ce système d'ailes mobiles, nous avons substitué des ailes fixes, maintenues dans leur écart par les cordes CCC. disposées comme nous l'avons dit ; et nous avons transporté la mobilité à la voilure elle-même, comme nous allons l'expliquer plus bas.

Dans la fig. 4, le corps du ballon est caché par la voilure qui est censée complètement déployée et remplir la surface des ailes.

Celles-ci sont vues de face. Les cordes CC'CC' etc. sont maintenues fixes aussi, afin que la voilure trouve un point d'appui à la surface qui doit produire la résistance ; comme on peut augmenter ou diminuer à volonté la surface, en carguant plus ou moins la voile, il s'en suit que la résistance suit la même progression.

Pour arriver à ce résultat, la manœuvre est excessivement simple et facile.

Sur la nacelle on place un ou deux cylindres de chaque côté supportés aux deux extrémités ; le diamètre de chacun d'eux sera, je suppose, de 0 m. 30 c. ; chacun est muni d'une manivelle à l'aide de laquelle on peut les faire tourner dans un sens ou dans un autre.

Sur ces cylindres s'enroulent autant de cordes qu'il y en a sur chaque aile pour soutenir la voilure. Chacune d'elle passe sur une petite poulie fixée auprès de la corde C et est attachée à la voilure. En tournant la manivelle dans un sens, on fait monter la voilure ; dans le sens inverse, on la fait descendre. Alors, selon la manœuvre que l'on fait, la surface de la voilure est augmentée ou diminuée à volonté et selon le besoin que l'on a d'augmenter ou de diminuer la résistance. Par conséquent, avec un système aussi simple, il devient inutile de rendre les ailes mobiles. L'intention étant d'augmenter la somme de résistance en augmentant l'étendue de la surface qui devait la créer, ou de la diminuer selon le besoin, de prendre un ris, comme on dit en terme de marine, nous avons préféré de beaucoup ce système qui transporte la mobilité dans la surface même de résistance, tandis qu'avec les ailes mobiles on diminuait bien l'étendue des surfaces en fermant plus ou moins les ailes, mais cependant le résultat n'était pas aussi *progressivement facultatif*, ce que nous avons voulu obtenir.

D'un côté on évite les inconvénients de la manœuvre de la mobilité des ailes qui laissait beaucoup à désirer, en complétant et développant au contraire tous les avantages qu'elle pouvait offrir.

FIGURE 5 ET 6.

Aérostat vu par l'extrémité d'avant et d'arrière, le corps du ballon n'apparaît qu'en partie.

Les surfaces formées par les lignes BbB de la figure 3 et 4, qui sont le prolongement des ailes, sont vues de face et n'apparaissent aussi qu'en partie à raison de l'obliquité que présentent les lignes qui les forment, le spectateur étant censé placé vis-à-vis l'extrémité du ballon. Le prolongement des ailes qui existe à l'avant aussi, et avec la même forme ne nuit point à la manœuvre du gouvernal M, formé par le triangle *mmm*, qui est mis en mouvement par une corde tenue par l'aéronaute placé dans la nacelle. Dans la figure 4, on voit l'emplacement du gouvernail en arrière de l'hélice, dont les mouvements restent libres.

Il ne faut pas se préoccuper d'une difficulté de manœuvre occasionnée par cette partie de l'appareil LL, fig. 4, placé en avant, servant de plans mobiles aidant à élever ou abaisser le ballon, selon qu'on la place en dessus ou en dessous du prolongement des ailes; parce que cette espèce de voilure n'existe pas en arrière, et que par conséquent cela ne peut nuire au mouvement du gouvernail.

Tel est en résumé tout ce système de la direction des aérostats. Je n'ai pas la prétention de croire que toutes les idées, tous les raisonnements et déductions soient à l'abri de critique et de contradiction; non, je n'ai pas cette présomption. L'idée générale est fondée sur la résistance des surfaces opposées aux forces centrifuge et propulsifuge; elle me paraît capitale, fondamentale. L'expérience faite par les savants qui ont calculé la force de résistance des différentes surfaces, me sert de point de départ pour me donner la certitude qu'il doit en être ainsi dans l'application que j'en fais; seulement le résultat de certaines expériences, que j'ai qualifié de plus vulgaires, au lieu d'être purement théorique, en produit un autre qui est capital aussi; c'est celui de faire connaître que les surfaces prennent naturellement la direction du point où elles éprouvent le moins de résistance.

J'en appelle donc aux lumières et à la critique de tous; convaincu, profondément convaincu que le jugement qui a été émis par plusieurs, sera confirmé par le plus grand nombre.

Je n'ai pas voulu prendre de brevet d'invention: par deux raisons.

Si le système était mauvais, malgré ma confiance dans une appréciation toute contraire, ce brevet était chose inutile.

S'il est bon, je veux que la France en profite la première.

MÉRITE DE L'INVENTION

Si l'on prend les mots *inventer*, *invention* dans leur définition rigoureuse et grammaticale, c'est-à-dire, trouver quelque chose de nouveau par la force de son génie, de son imagination; si ces mots sont l'équivalent de *découverte*, qui ne doit s'appliquer qu'à ce qui est non seulement nouveau, mais en même temps curieux, utile ou difficile à trouver, par suite d'une recherche expresse qui donne un résultat prévu, je l'avouerai sans peine, il me semble que l'application ne peut m'en être faite en ce qui concerne l'invention de chacune des *parties matérielles* qui composent l'aérostat dont la forme est proposée par moi.

Si ces mots doivent s'appliquer au système de la *direction*, c'est tout autre chose; il y a, je crois, invention, découverte, parce que le résultat proposé vient à la suite d'une recherche expresse, donnant une chose nouvelle, curieuse en elle-même, utile, difficile à trouver; cherchée depuis longtemps.

C'est au lecteur, et plus tard au public qu'il appartiendra de prononcer. Mais avant, appliquons le mot invention à chacune des parties de l'aérostat.

Les frères Montgolfier sont les inventeurs véritables des ballons. On a varié dans les formes : mais l'invention ne consiste pas dans la forme plus ou moins bizarre donnée aux aérostats, mais dans la découverte et l'application du principe même sur lequel les frères Montgolfier se sont basés; c'est leur domaine et leur gloire incontestable.

Les rames, les voiles, les différents moyens de

locomotion étaient tous inventés, connus depuis longtemps; et, l'application qui en a été faite fréquemment, sans grand succès à raison d'un défaut suffisant d'étude, n'a donc rien de nouveau.

L'hélice placée à l'extrémité de l'axe de la charpente n'est pas non plus chose nouvelle. Quand à celles horizontales, servant à monter et descendre, le moyen n'est pas non plus de mon invention, ni même celle de M. Van-Hecke qui en a la prétention. L'application est le résultat d'une observation que j'ai faite à Paris, en 1855, à l'époque de l'exposition.

Me trouvant à Paris, le 11 septembre 1855, je vis dans un magasin de jouets d'enfants et de bimbloterie qui était alors à l'extrémité du passage de Lorme, du côté de la rue Rivoli, un homme occupé à faire mouvoir rapidement un jouet qu'il tenait à la main. La forme était celle d'une hélice; la rotation imprimée ; cette hélice abandonnait un pivot sur lequel elle reposait, s'élevait avec rapidité jusqu'au sommet du vitrage, se soutenait ainsi dans l'air par l'effet de la rotation continue; puis, lorsque la force rotative d'impulsion ascensionnelle diminuait, ce jouet s'abaissait pour retomber inerte et sans mouvement.

Dès ce moment, mon esprit fut frappé de ce résultat et du parti que l'on pouvait en tirer par l'application plus en grand ; aussi, ce jouet, si simple en apparence pour beaucoup d'autres, n'a-t-il jamais été oublié par moi. Ce n'était en définitive que l'hélice mobile appliquée d'une autre manière. Ce jouet est aujourd'hui très-commun, et connu dans tous les magasins sous le nom de *Papillon*.

L'hélice verticale des bâtiments n'est donc pas à proprement parler une invention dont le mérite remonterait à l'illustre et malheureux Sauvage notre compatriote, car il faut bien le dire, Sauvage et Paucton ne sont pas sous ce rapport de véritables inventeurs, dans la rigueur de l'acception du mot, parce que des mécanismes analogues existaient déjà lorsqu'ils ont proposé l'hélice propulsive (1).

Leur mérite d'inventeur, surtout en ce qui concerne Sauvage, consiste dans l'application des modifications qu'il a voulu en faire.

Quant à celle que j'en ai faite, je pourrais dire et même au besoin affirmer, que j'avais pensé à son utilité pour les aérostats avant d'avoir connaissance de l'expérience qui a été faite à Bruxelles, le 27 septembre 1847 ; dans ce cas, je ne pourrais avoir d'autre mérite que de m'être rencontré avec d'autres esprits préoccupés aussi de cette grande question de la direction des aérostats, qui ont pu être frappés comme moi du parti que l'on pouvait tirer de l'hélice comme objet et moyen de locomotion, soit horizontale, soit ascensionnelle.

Au surplus, j'appelle ici direction, tout ce qui peut servir à faire mouvoir un ballon selon la volonté de celui qui emploie des moyens donnés pour y parvenir.

Ceci déclaré, et mon amour propre n'en souffre en aucune manière, je devrai aussi réclamer, quant à l'invention, la part qui peut me revenir dans l'idée développée par moi.

S'il n'y a pas invention à proprement parler dans les diverses parties constitutives de l'aérostat, elle me semble exister très-réellement pour plusieurs d'elles, dans la manière dont chacune est coordonnée pour former ce seul tout nouveau, reposant sur l'application des principes scientifiques que j'ai

---

(1) Le système qui a été le plus essayé et qui a eu le plus de succès, puisqu'il peut avantageusement rivaliser dans certaines circonstances avec les roues à aubes, est sans contredit *l'hélice ou vis d'Archimède*. Cet appareil se compose de filets ou lames spirales fixées sur un axe parallèle à la quille, en sorte qu'en le faisant tourner il se fraye un chemin dans l'eau comme les vis ordinaires dans le bois et pousse ainsi le bateau auquel il est fixé.

La première idée de l'hélice comme propulseur n'est pas nouvelle quoiqu'elle n'ait été appliquée en grand que vers 1850 ; ainsi elle est très-clairement indiquée dans un ouvrage publié à Paris, en 1768, par Paucton, sur la théorie de la vis d'Archimède, dans lequel l'auteur propose de remplacer les rames, dont le mouvement alternatif lui paraissait désavantageux, par une hélice animée d'un mouvement circulaire uniforme et continu. En 1802, elle fut essayée par un nommé John Shorter, sur un vaisseau de la marine royale anglaise, où elle donna d'assez bons résultats, quoiqu'elle ne fut mise en mouvement que par des hommes. Enfin. M. Marestier, dans un ouvrage publié en 1824, d'après les ordres du gouvernement français, et qui avait visité l'Amérique pour faire un rapport sur l'état de la navigation à vapeur dans ce pays, décrit divers systèmes de propulsion sur le système de la vis qui avaient été proposés avant cette époque. Cependant, comme jusqu'alors on s'accordait universellement pour croire que l'emploi de la vis devait être bien moins avantageux que celui des roues, on en attribue avec raison l'invention première au capitaine Delisle, connu aussi pour une ingénieuse invention relative aux ponts-levis, qui proposa en 1823, au ministre de la marine, d'armer nos navires à vapeur d'hélices dont il donnait le dessin.

Sa proposition ne fut pas admise.

Cependant, en 1827, l'ingénieur anglais Tredgold, dans la deuxième édition de son *Traité des machines à vapeur*, recommandait l'emploi de la vis. Vers la même époque, un autre de nos compatriote, M. Sauvage, cherchait à perfectionner l'invention Delisle, et proposait une nouvelle forme de vis ; mais, malgré de grands efforts, il ne put jamais parvenir à faire des essais sur une échelle suffisante pour prouver l'excellence du système que les Anglais devaient les premiers, comme il en est toujours de nos inventions, mettre en pratique.

En effet, de 1830 à 1838, parurent en Angleterre, le système *Ericson*, identiquement semblable à celui de Delisle, qui fut appliqué successivement sur deux bateaux; et le système Smyth, le même que celui de M. Sauvage qui, après d'heureux essais fut établi sur le navire *l'Archimède*, avec lequel furent faites des expériences qui mirent à même de comparer les avantages des roues et de l'hélice.

rappelé ; offrant une théorie toute nouvelle ; un moyen nouveau pour arriver au mouvement et à la direction des aérostats, après avoir surmonté toutes les difficultés, ou du moins cherché à le faire ; et qui, jusqu'à ce jour, avaient mis des obstacles à la solution de ce problème qui est peut-être résolu par ce que j'ai proposé.

Oui, selon moi, c'est une véritable invention d'une chose cherchée depuis longtemps, et qui doit être considérée comme un moyen des plus avantageux pour l'étude de l'atmosphère et l'exploration facile des contrées et des lieux les plus éloignés et les plus inaccessibles. C'est l'étude de l'air, des forces centrifuges et centripète ; c'est l'étude de la résistance des surfaces qui m'a conduit à ce système complètement nouveau ; c'est l'emploi des surfaces prismatiques combinées comme moyen de résistance.

La direction dans un sens déterminé était le problème à résoudre, et les moyens inventés, découverts, proposés pour y arriver, constituent donc une chose nouvelle en soi, malgré que dans l'ensemble de l'appareil on reconnaisse plusieurs pièces dont chacune était connue par la forme, comme par l'effet produit, lorsque chacune d'elle a été soumise à une épreuve spéciale. — Ce qu'il y a de nouveau, ce sont les ailes et les surfaces qu'elles présentent ; c'est leur disposition et tous les résultats qui en découlent qui sont choses nouvelles, inventées ; quoiqu'elles remplacent les voiles ordinaires proposées jusqu'ici. C'est le système en un mot qui est nouveau.

Ainsi il ne faut pas se méprendre sur les faits ; en ce qui constitue le détail, il n'y a pas invention pour plusieurs pièces, elle existe pour d'autres ; comme elle existe aussi par le développement et la disposition qu'on leur a donnée. En ce qui concerne leur réunion, groupée pour en faire un seul tout ; en ce qui concerne l'effet, le résultat calculé qu'elles doivent produire pour arriver à un but, la direction des aérostats, je crois qu'il y a véritablement invention.

C'est celle qui me sera accordée, je l'espère.

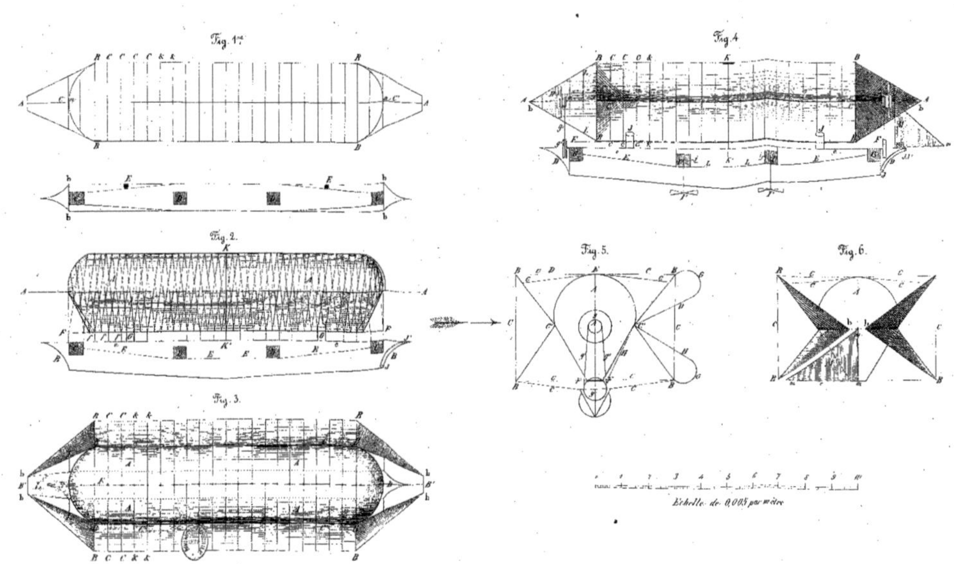

Fig. 1.
Fig. 2.
Fig. 3.
Fig. 4.
Fig. 5.
Fig. 6.
Echelle de 0,005 par mètre

9 782019 268077